思考力算数練習帳シリーズ

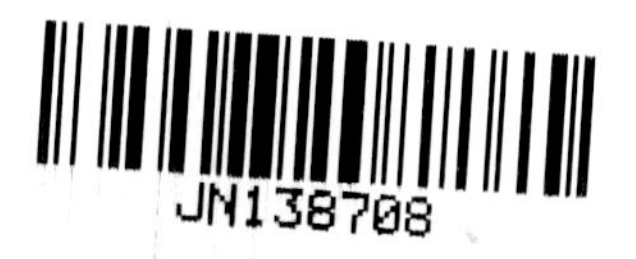


# シリーズ13
# 点描写（立方体など）

**点描写とは**…格子状の点と点を結んで、手本と同じように図を描くことを点描写（てんびょうしゃ）と言います。点と点を結ぶ作業は運筆の練習になると同時に、図の位置や形を一時的に記憶することで、短期記憶の訓練にもなります。

**本書の目的**…点描写を行いながら、立方体などの**立体感覚を養成する**ことを目的としています。また、複雑な図形を正確に写すことは短期記憶のよい訓練となり、**単純な計算ミスや書き写しのミスなどを減らす**訓練にもなります。

多くの子供たちにとって、立方体などの立体図形はじょうずに書くことが難しく、平面的で不完全な図しか描けないものです。このような子供は、立方体などの立体図形を点描写で**繰り返し**描くことで、**平面での立体図形の表現が自然と理解できる**ようになります。

中学入試の難問を解く前に、このテキストで立体感覚を養成しておくと、より無理なく難問の理解を進めることができます。

**本書の特徴**

1、立方体などの立体図形を平面で表現する練習を、基礎からできる。
2、単に点描写として使えば幼児から使用することも可能です。
（ただし、立体感覚が発達していない場合もありますので、無理に立体としての感覚があることを確認しようとすると本人にストレスを与えることになりますのでご注意下さい。）
3、巻末の実力テストはコピーをして何度も使っていただいて結構です。
（著作権は留保していますので、個人使用に限ります。）

**算数思考力練習帳シリーズについて**

ある問題について、同じ種類・同じレベルの類題を**くりかえし練習**することによって、確かな定着が得られます。

本シリーズでは、中学入試につながる**文章題**について、同種類・同レベルの問題を**くりかえし練習**することができるように作成しました。

## 本書の使い方

①　各頁の上の図を下の解答欄に写し取ります。点と点を結ぶことが点描写の基本です。**定規は使わず**になるべくまっすぐな線がかけるように練習しましょう。

②　正解と不正解の区別について。**線の端と端**の点があっていること、**実線と点線の区別**ができていること、の二つが正しければ、途中の線が少々まがっていても正解として下さい。あまり厳しく訂正させると、かえって意欲をなくさせることもありますのでご注意ください。ただし、全く同じ形であっても、上下左右に位置がずれているのは不正解とします。

③　お母さん（お父さん、先生）はあくまでも補助で、問題を解くのはお子さん本人です。お子さんが実際の立体に興味を持った場合は**身近にある具体的な物**（サイコロやティッシュの箱など）で示してあげてください。

④　このシリーズ「点描写」は、一気にたくさんを描いてしまうのではなく、間を置いて何回かに分けてさせて下さい。多くとも**一日５頁**ぐらいにしてください。算数の学習の導入や計算の合間にするのもよいでしょう。

⑤　丸つけは、その場でしてあげてください。**フィードバック**（自分のやった行為が正しかったかどうか評価を受けること）は**早ければ早いほど**本人の学習意欲と定着につながります。

## 立体感覚の養成方法について

立体感覚は、子供の発達段階と強い関連があります。立体感覚がまだ十分発達していない子供に、いくら言葉で説明しても理解は進みません。そこで、効果のある幾つかの方法を以下に提示しますので参考にして下さい。

①　粘土あそびを自由にさせる。
②　紙粘土などで本物をつくる。
③　本物を前において写生をする。
④　展開図を描いて、立体を組み立てる。
⑤　立方体を紙粘土で作ってそれを包丁などで切って切り口を調べる。

立方体（その１）　　　　　　　　　　　　　　　月　　日

問題（もんだい）

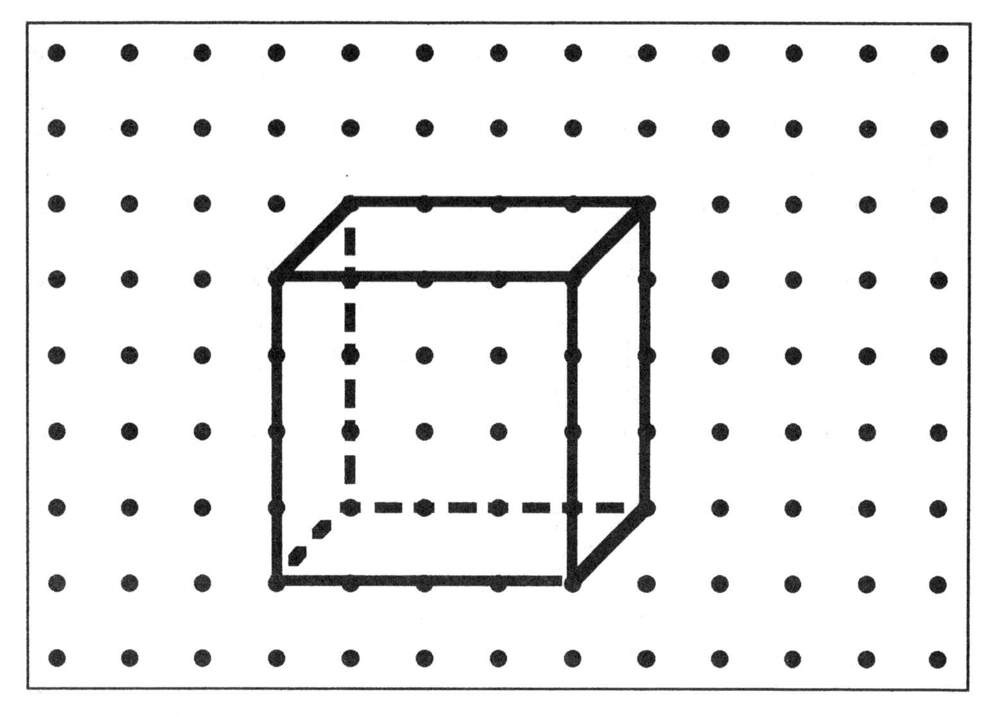

解答欄（かいとうらん）

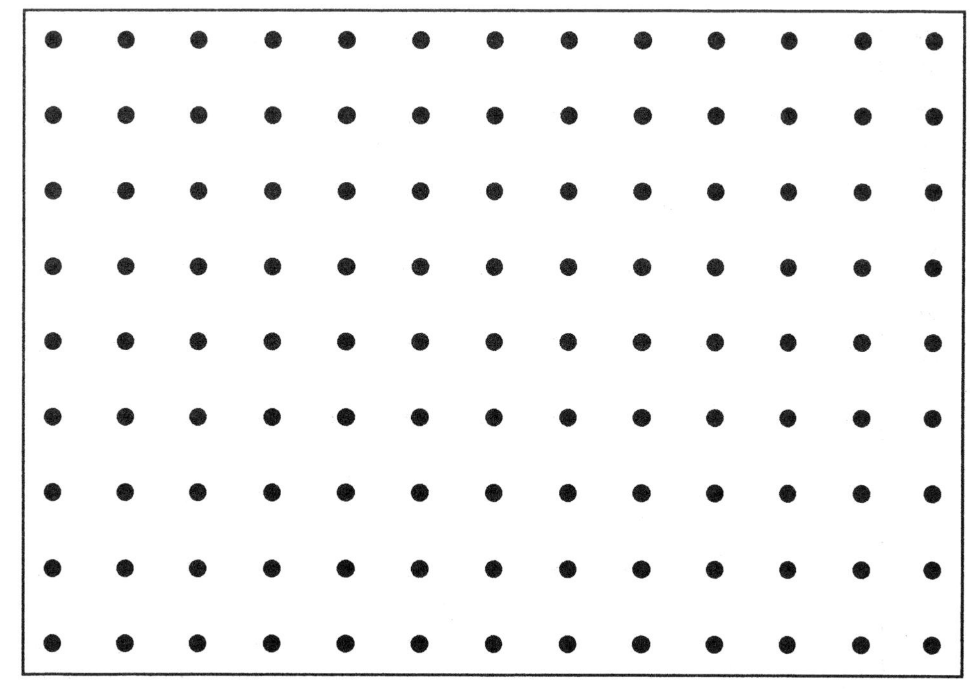

立方体（その２）　　　　　　　　　　月　　日

問題（もんだい）

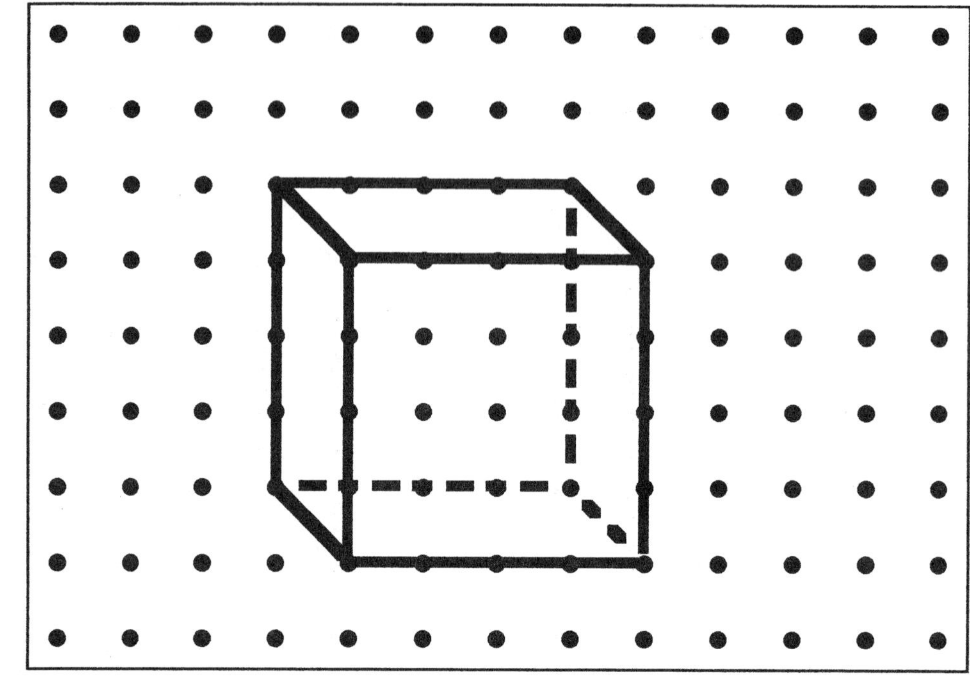

解答欄（かいとうらん）

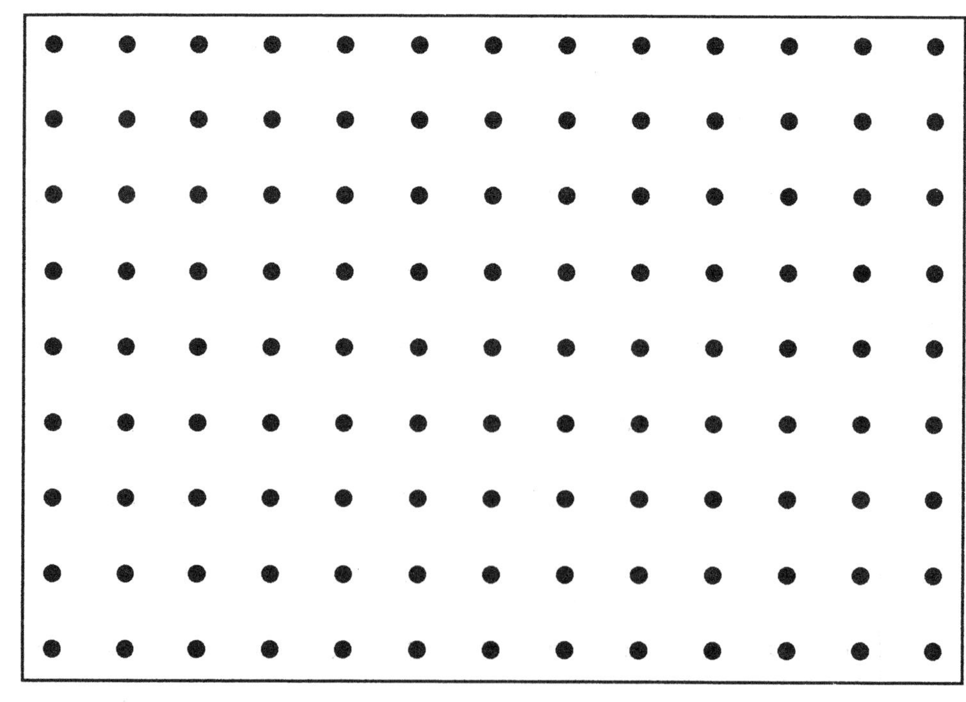

立方体（その３）；下から見た場合（ばあい）　　月　　日

問題（もんだい）

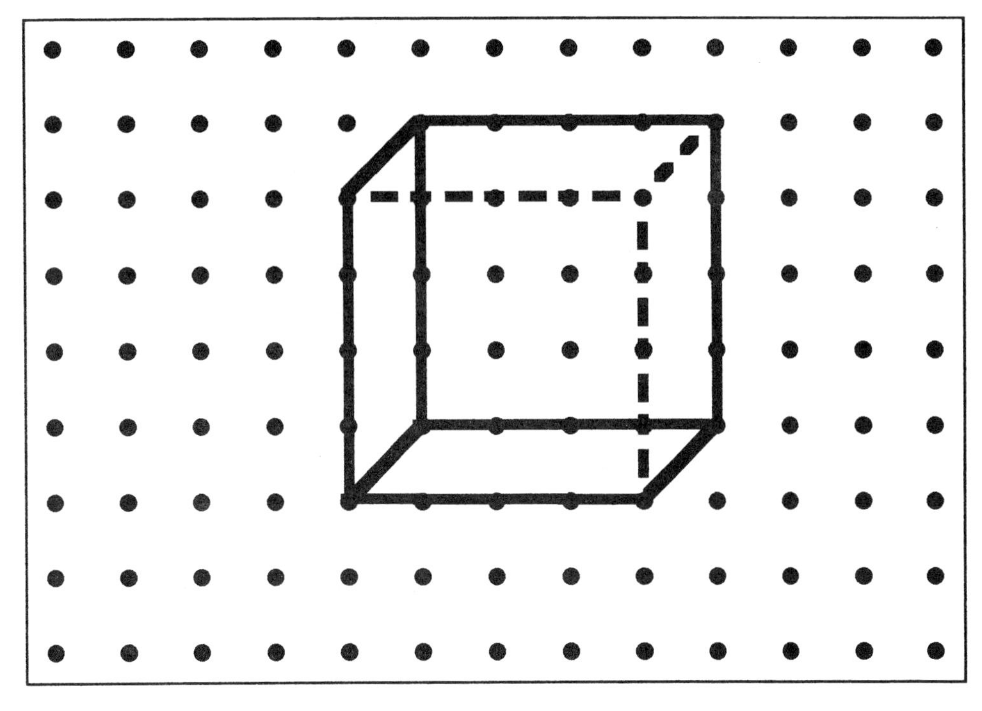

解答欄（かいとうらん）

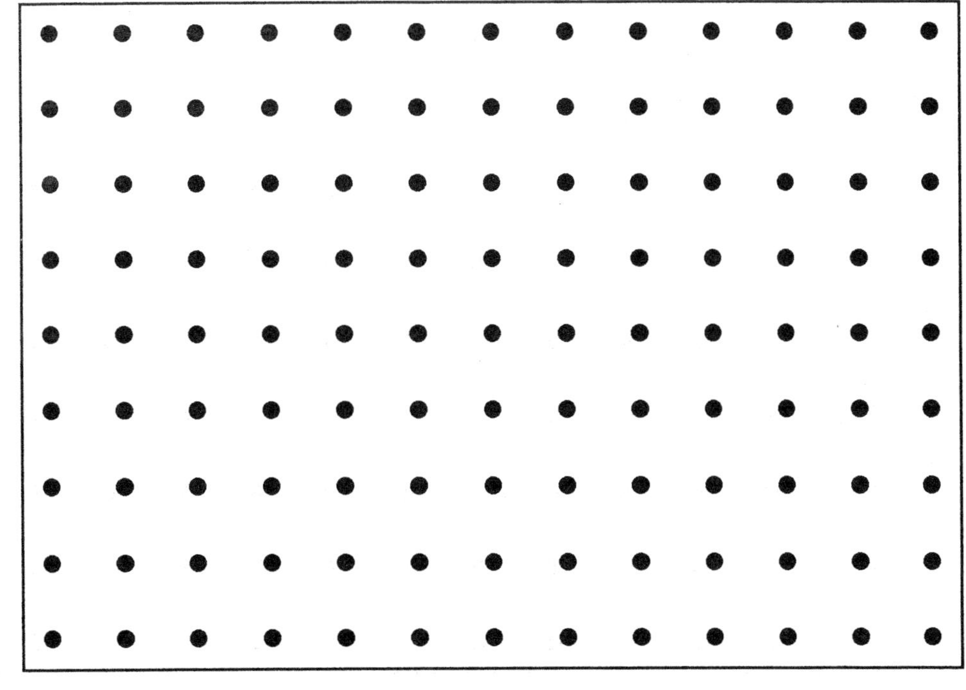

立方体（その４）；下から見た場合（ばあい）　　月　　日

問題（もんだい）

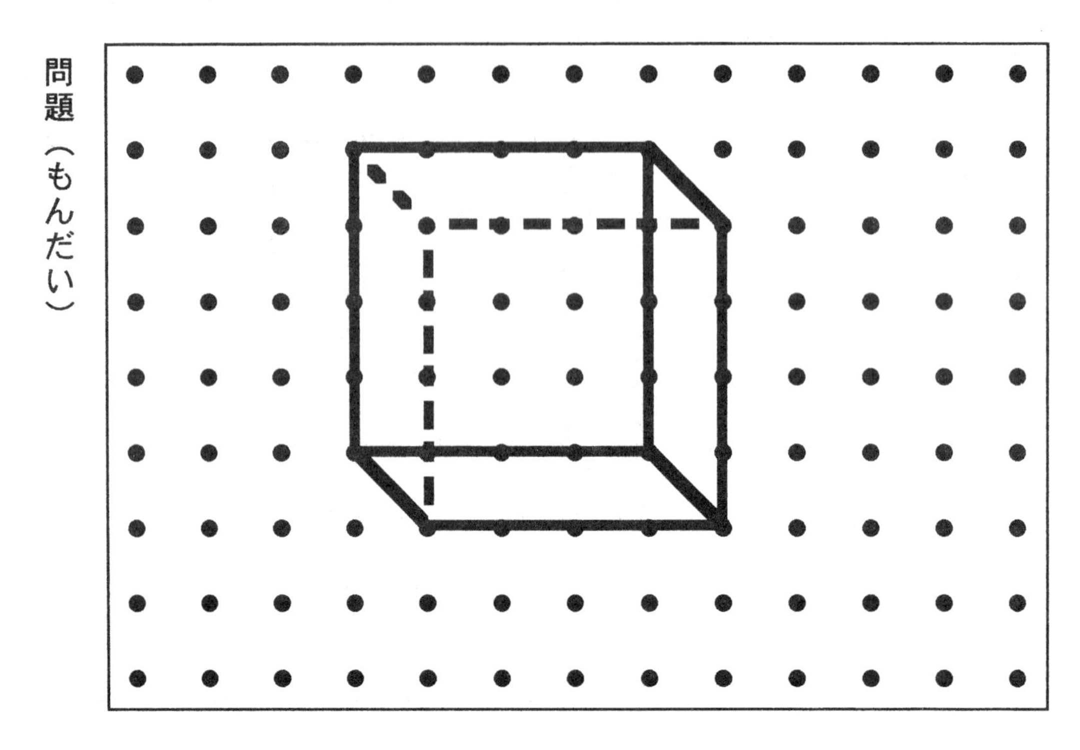

解答欄（かいとうらん）

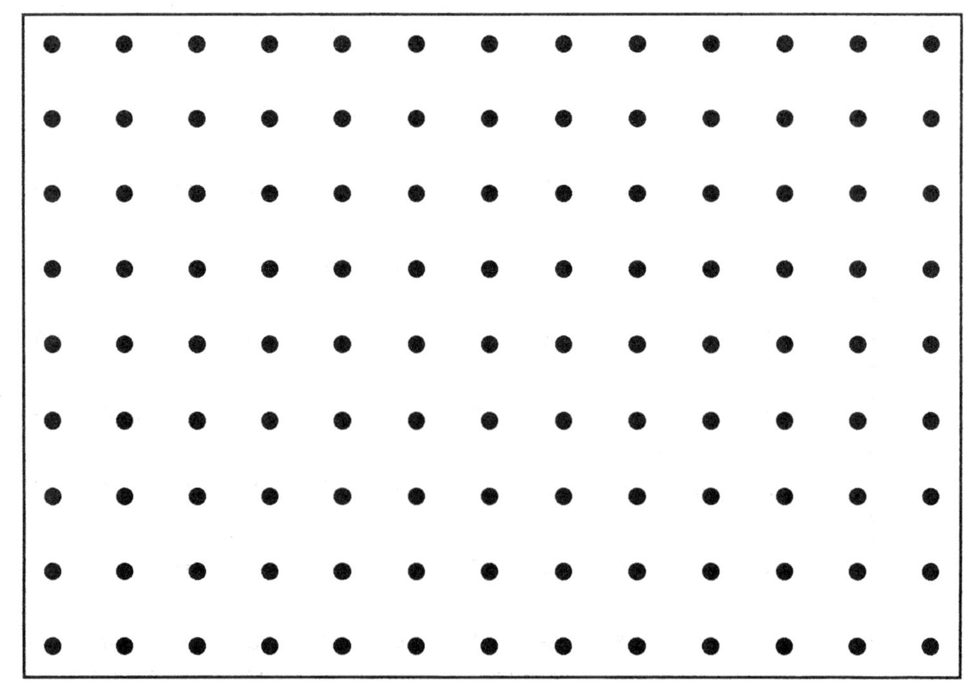

立方体（その５）；２個をよこつなぎ　　　　月　　日

問題（もんだい）

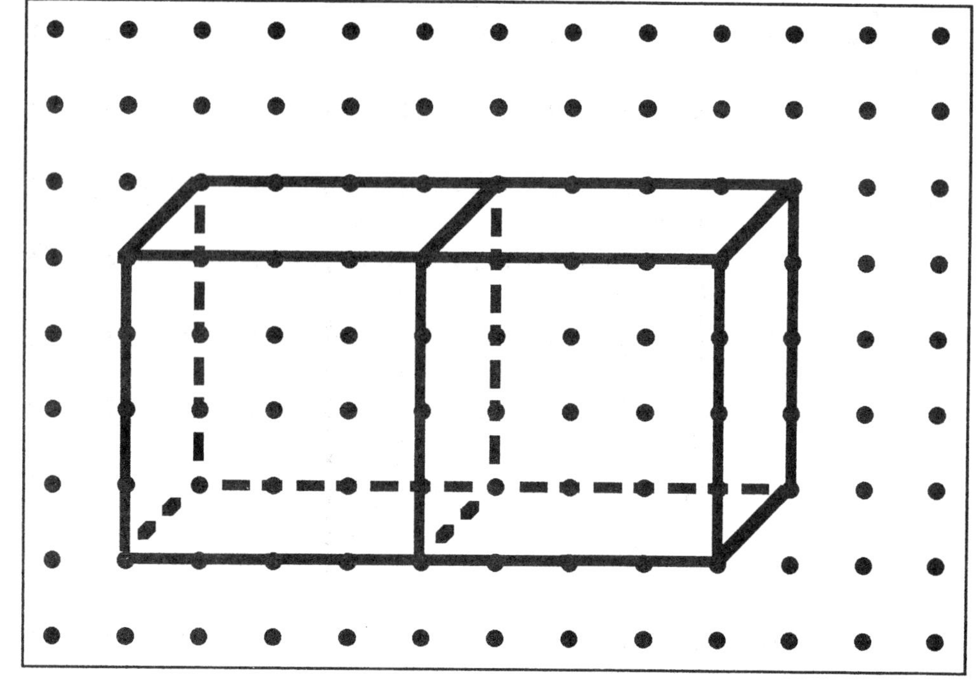

解答欄（かいとうらん）

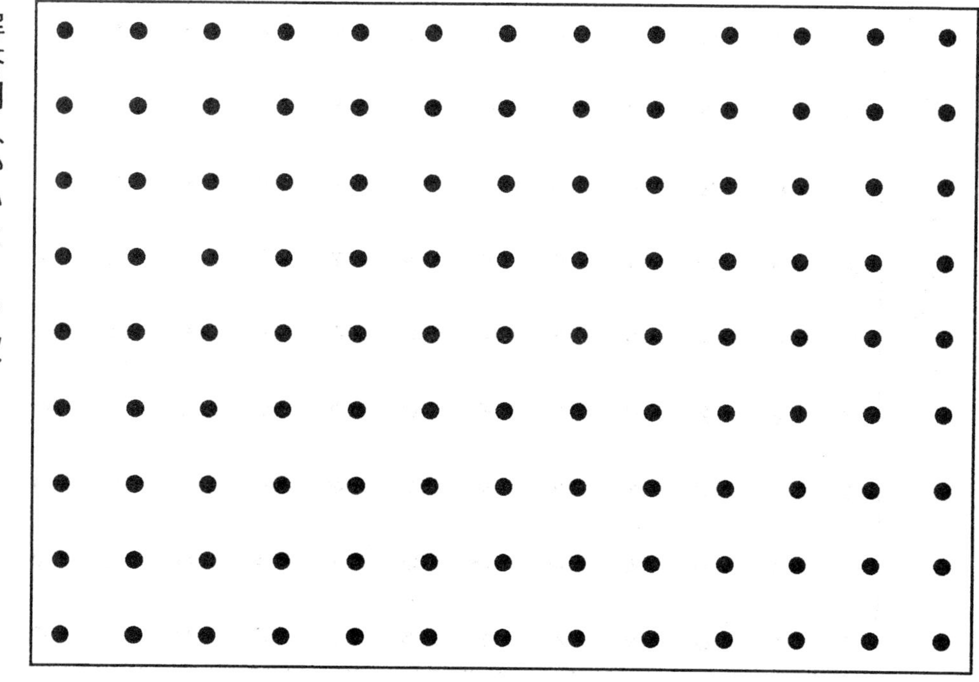

立方体（その６）；２個をよこつなぎ　　　　　月　　日

問題（もんだい）

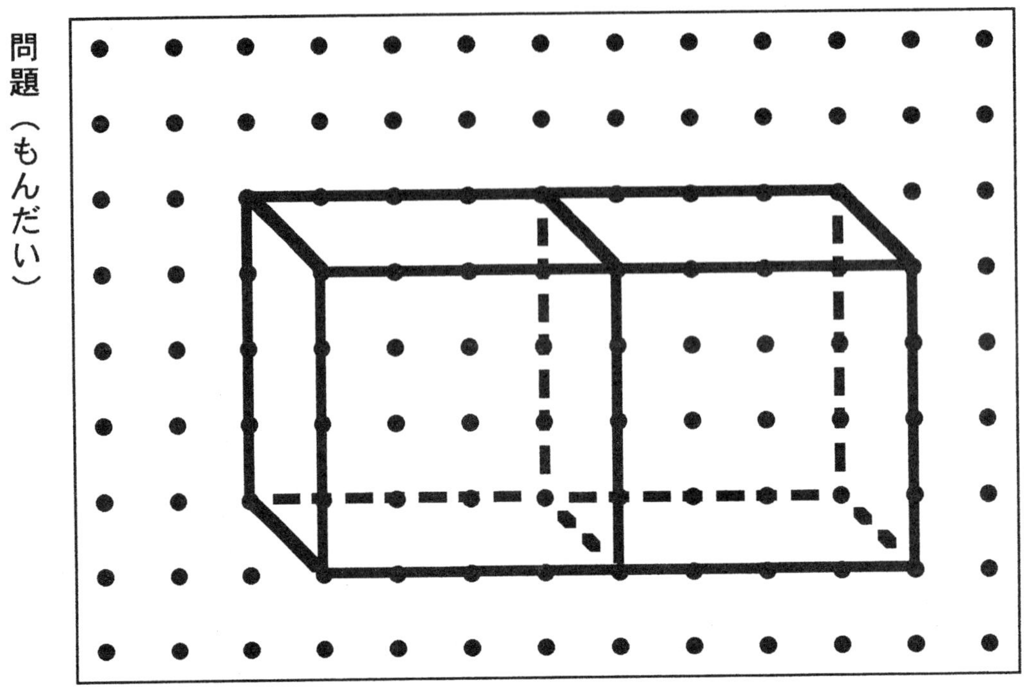

解答欄（かいとうらん）

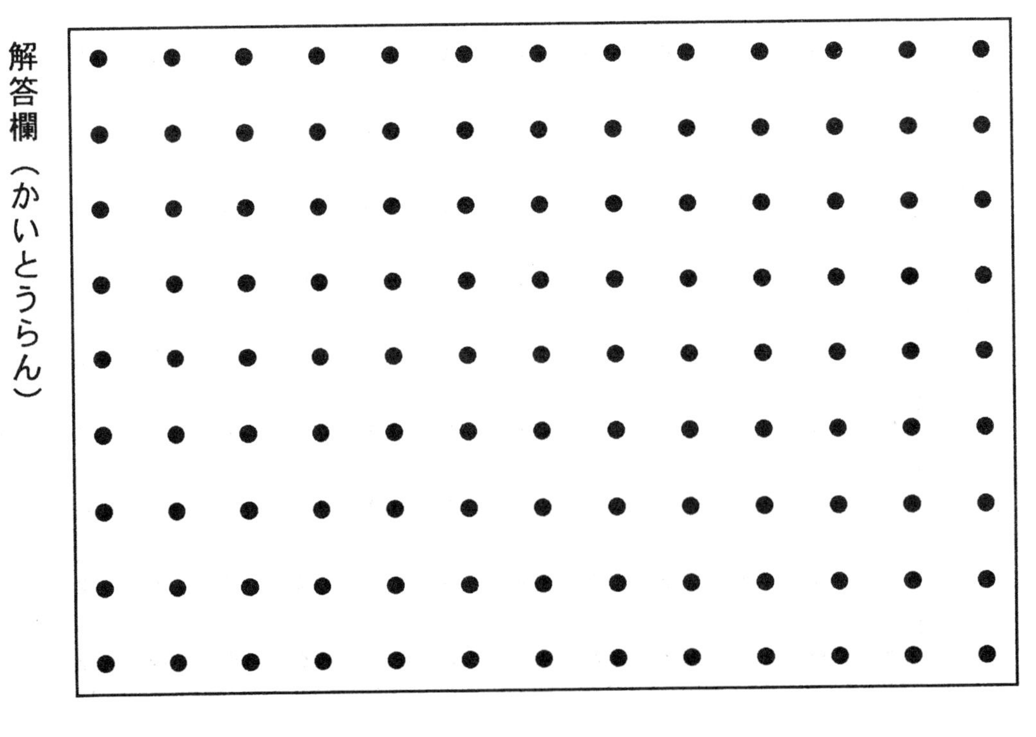

立方体（その７）；２個を下から見る　　　　　　月　　日

問題（もんだい）

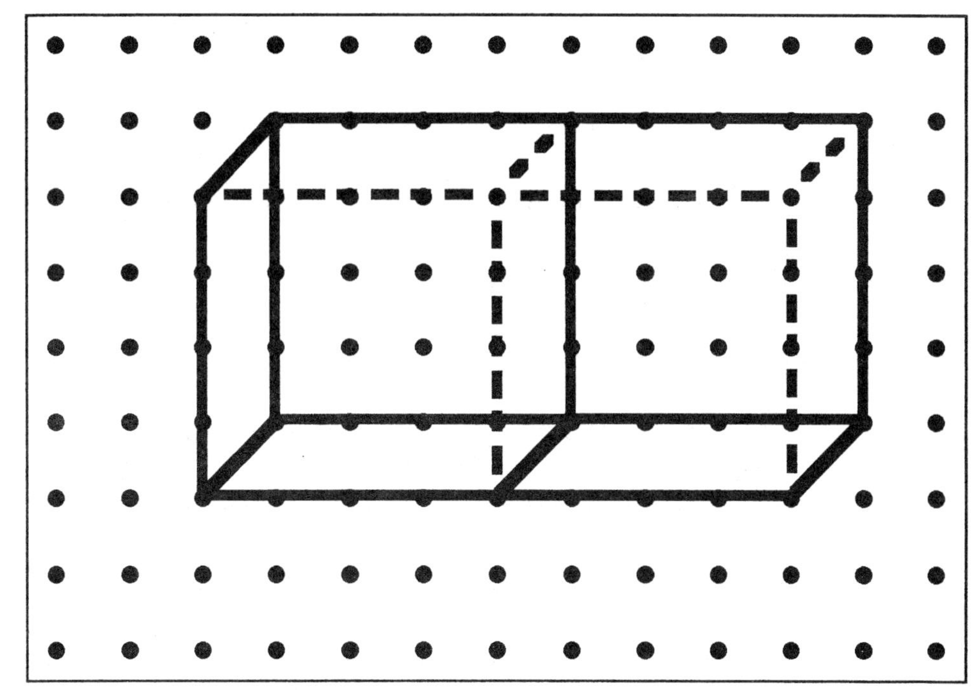

解答欄（かいとうらん）

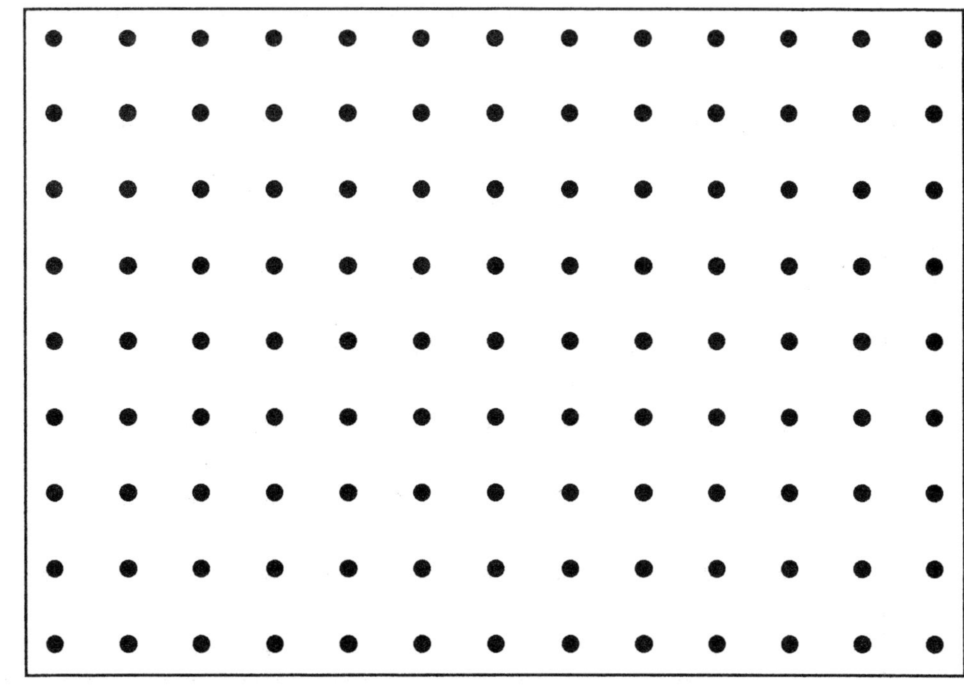

立方体（その８）；２個を下から見る　　　　　　月　　日

問題（もんだい）

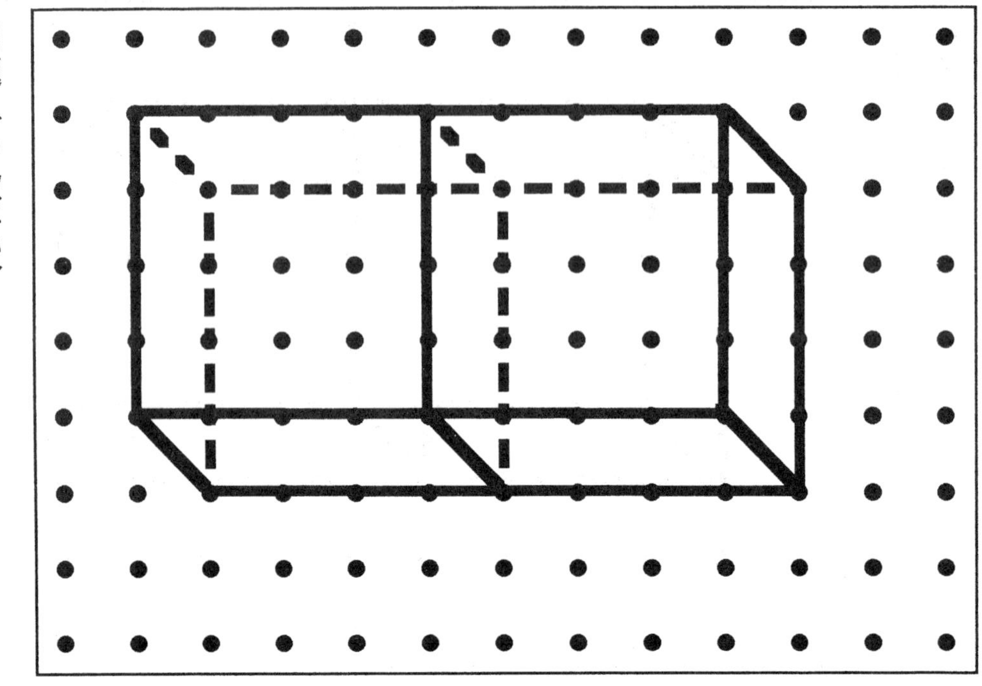

解答欄（かいとうらん）

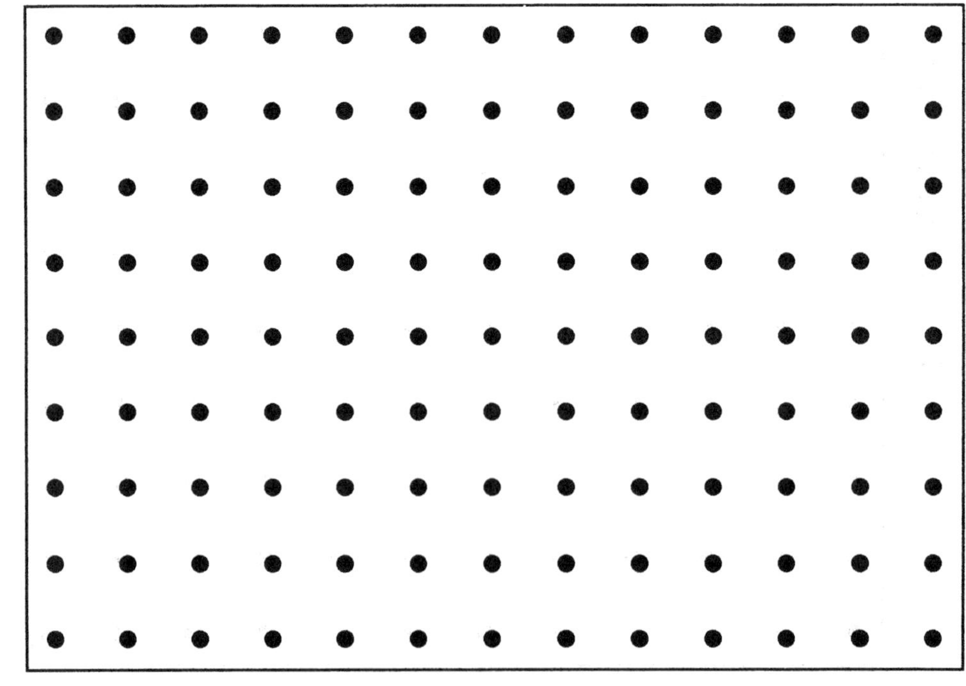

立方体（その９）；３個その１　　　　　　　　　　月　　日

問題（もんだい）

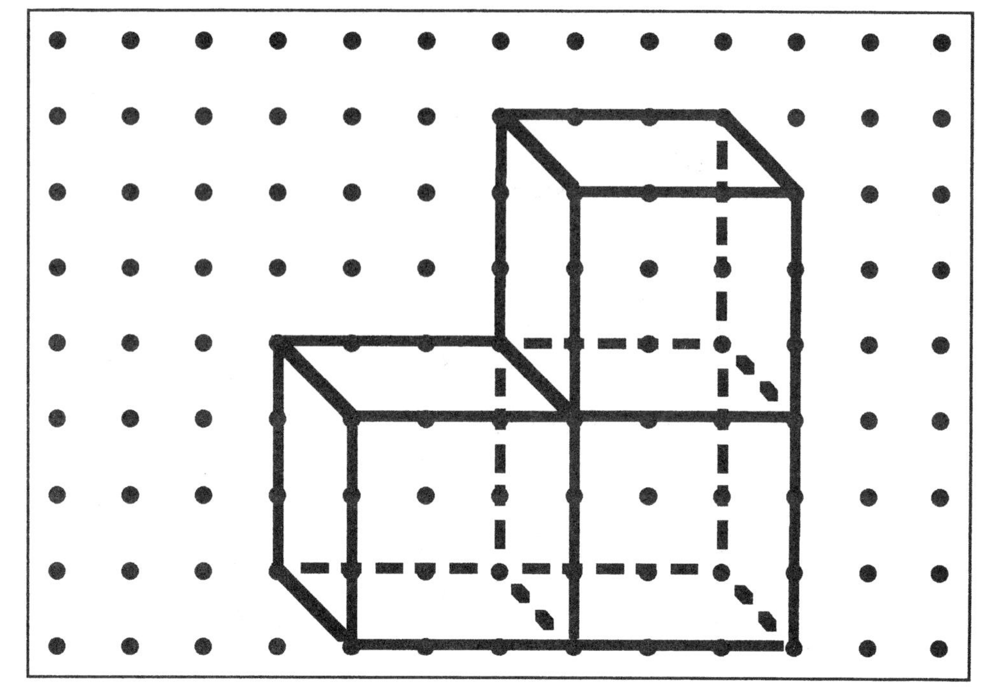

解答欄（かいとうらん）

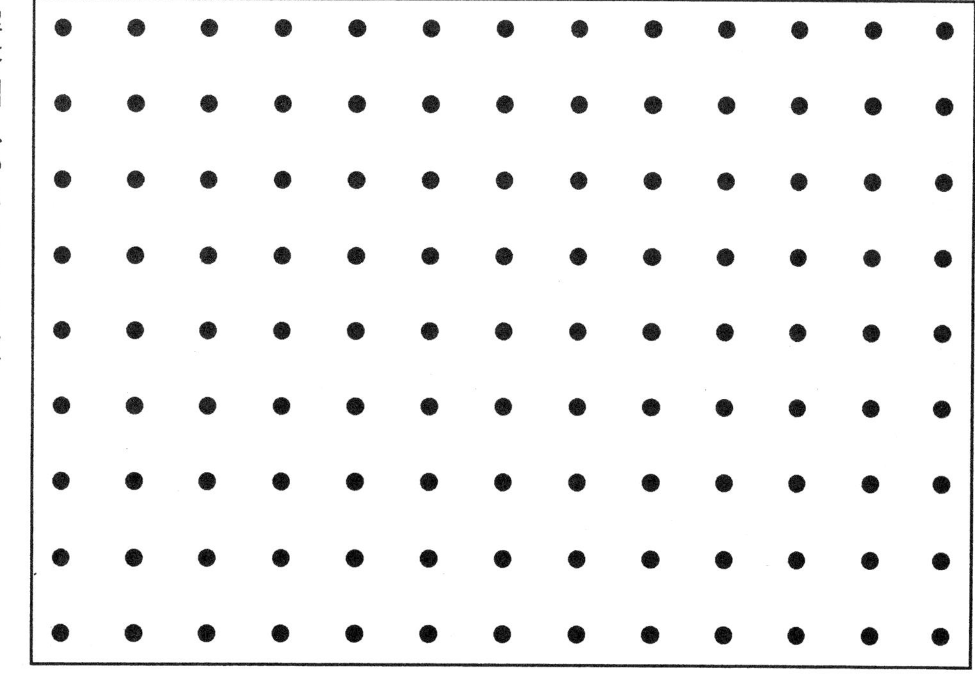

立方体（その１０）；３個その２　　　　　　月　　日

問題（もんだい）

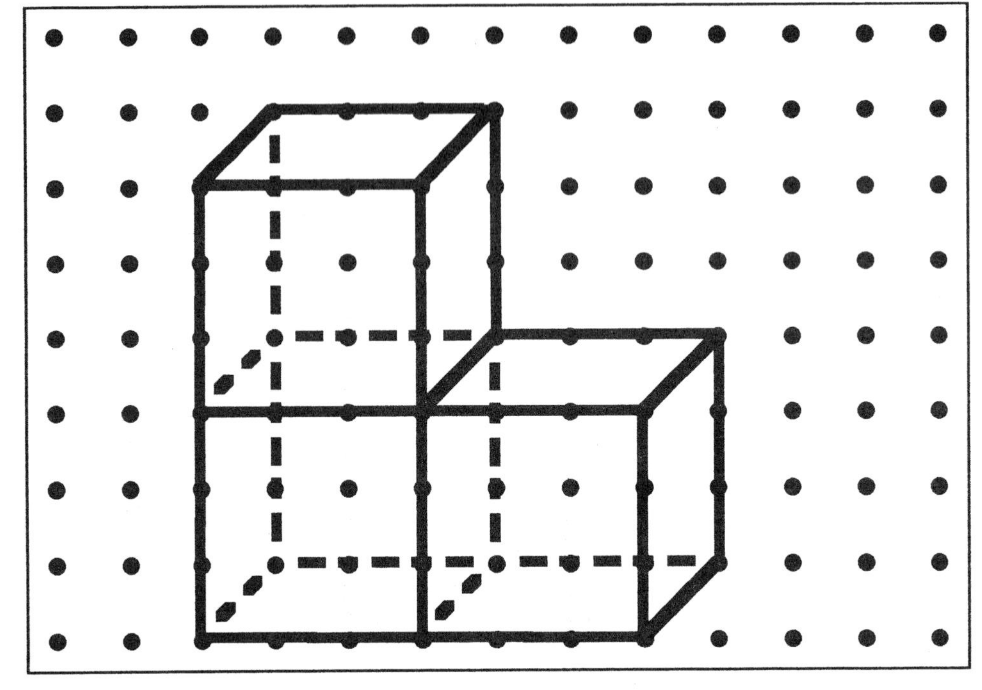

解答欄（かいとうらん）

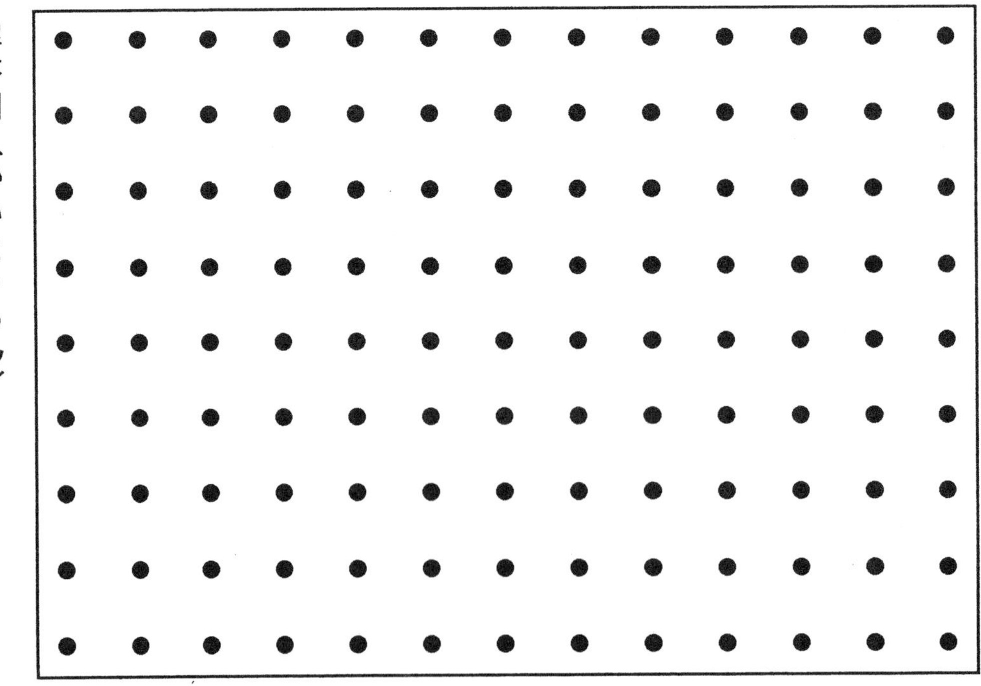

立方体（その１１）；３個その３　　　　　　　　月　　日

問題（もんだい）

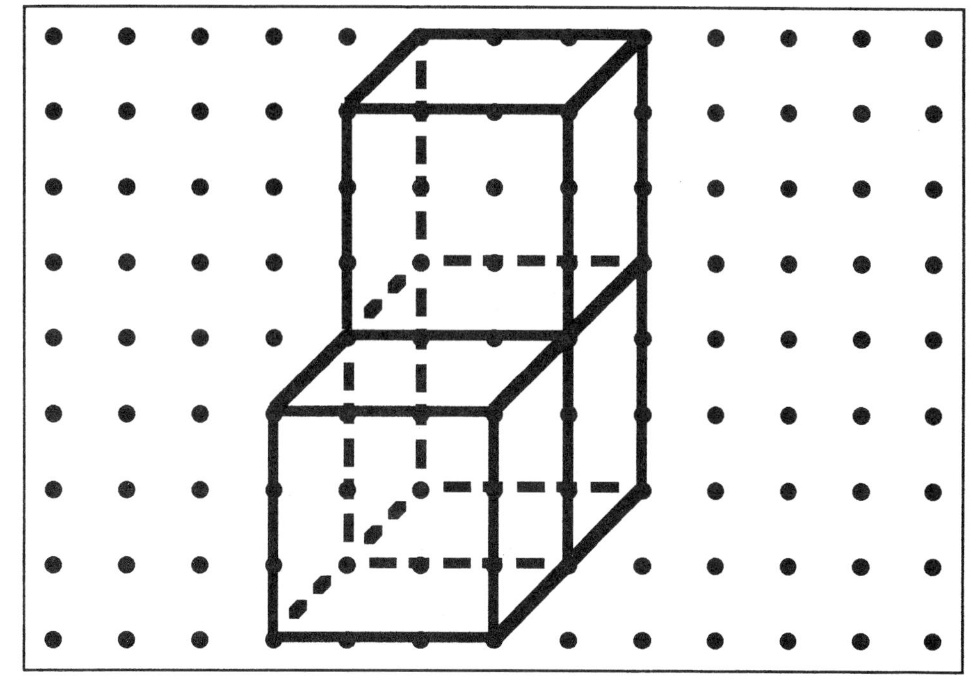

解答欄（かいとうらん）

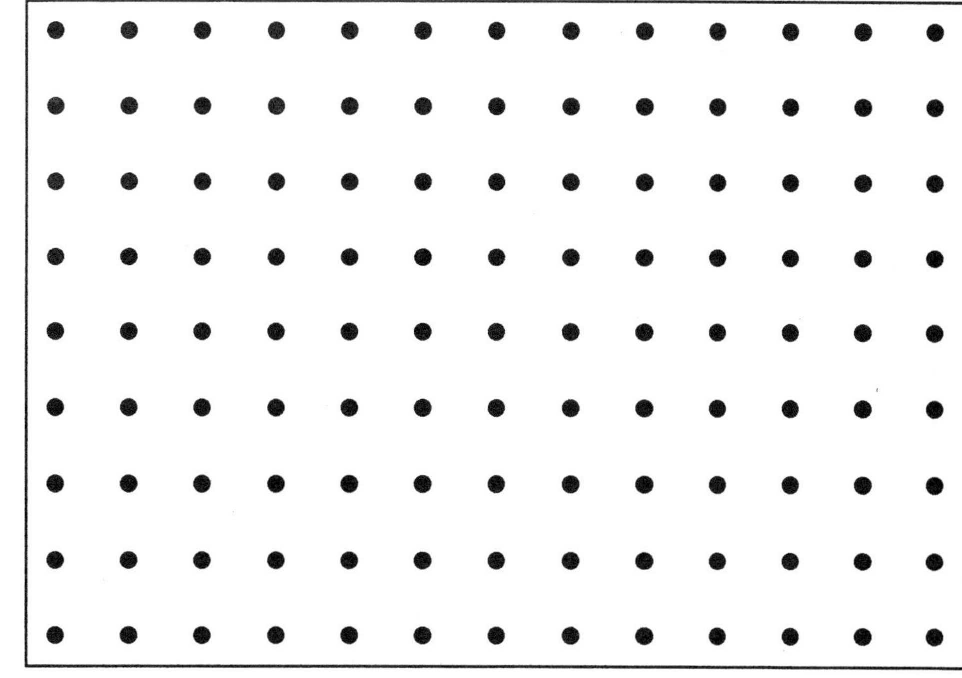

立方体（その１２）；３個その４　　　　　　　　　月　　日

問題（もんだい）

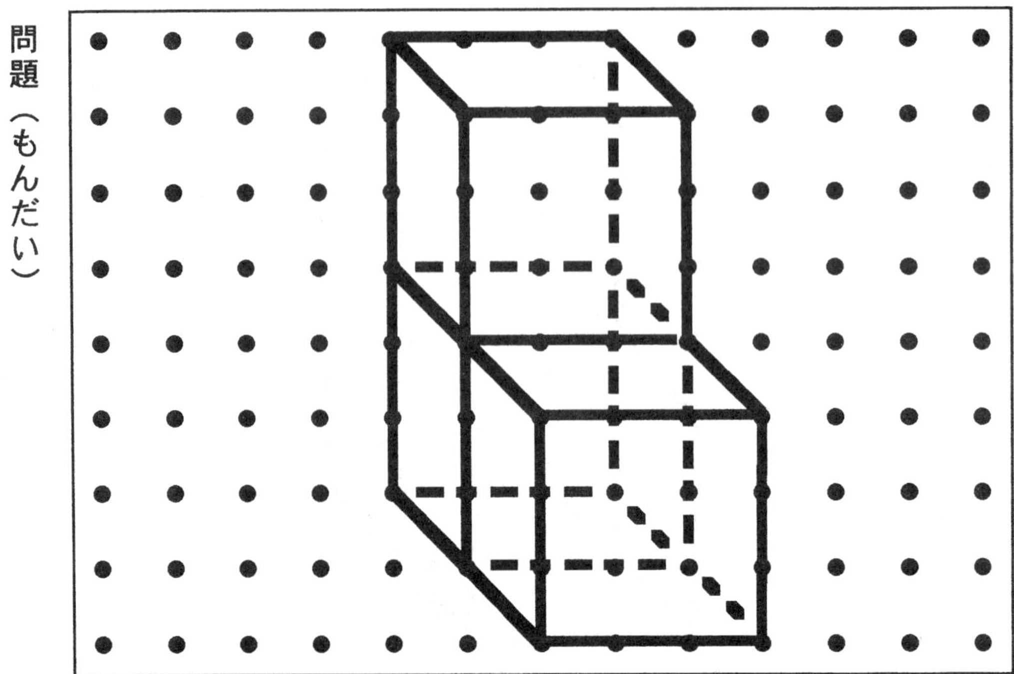

解答欄（かいとうらん）

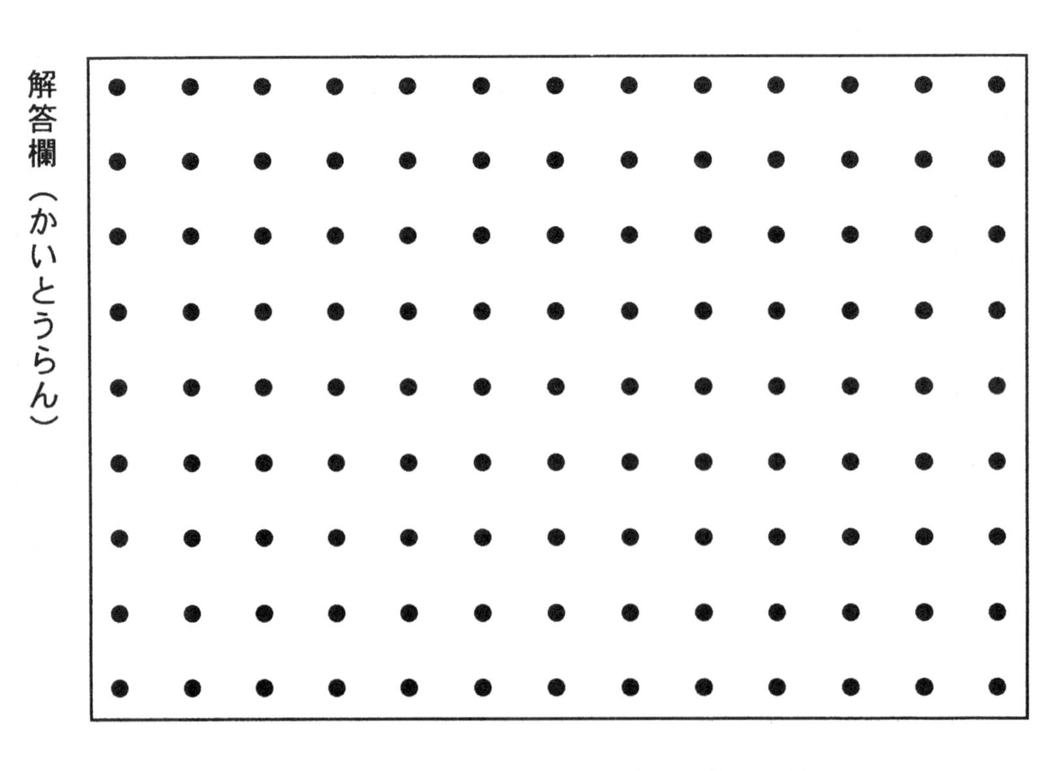

立方体（その１３）；４個その１　　　　　　　　月　　日

問題（もんだい）

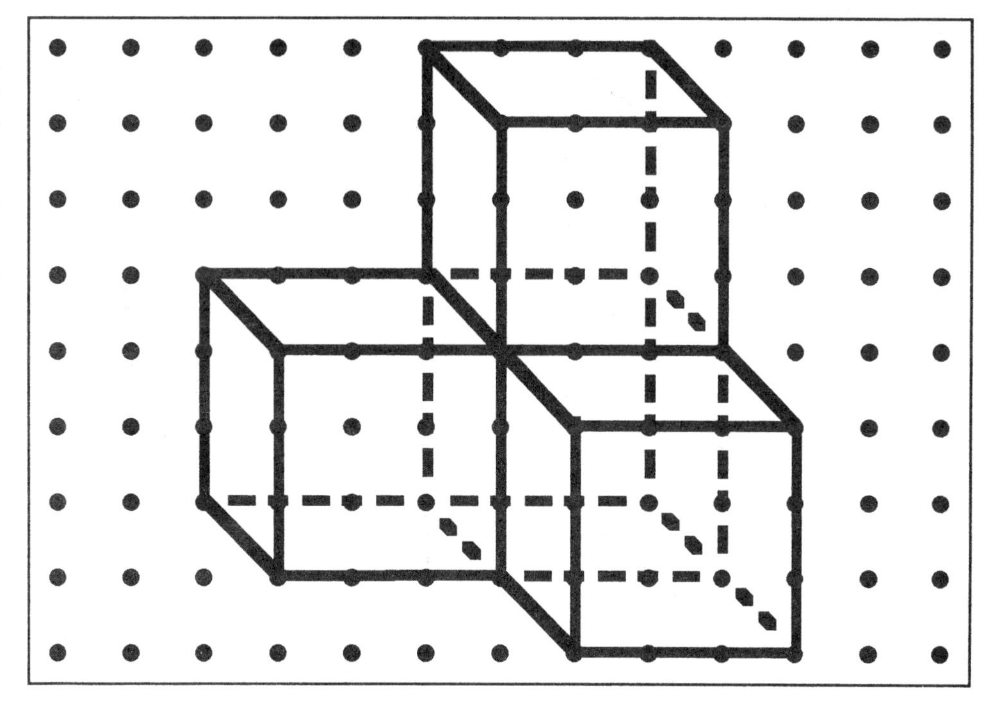

解答欄（かいとうらん）

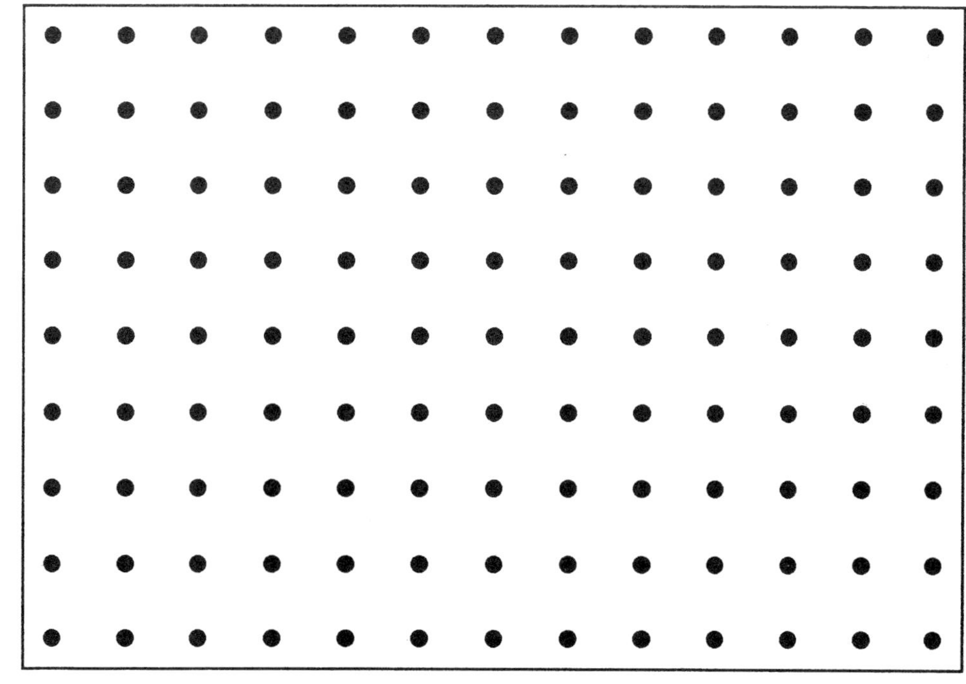

立方体（その１４）；４個その２　　　　　　　　月　　日

問題（もんだい）

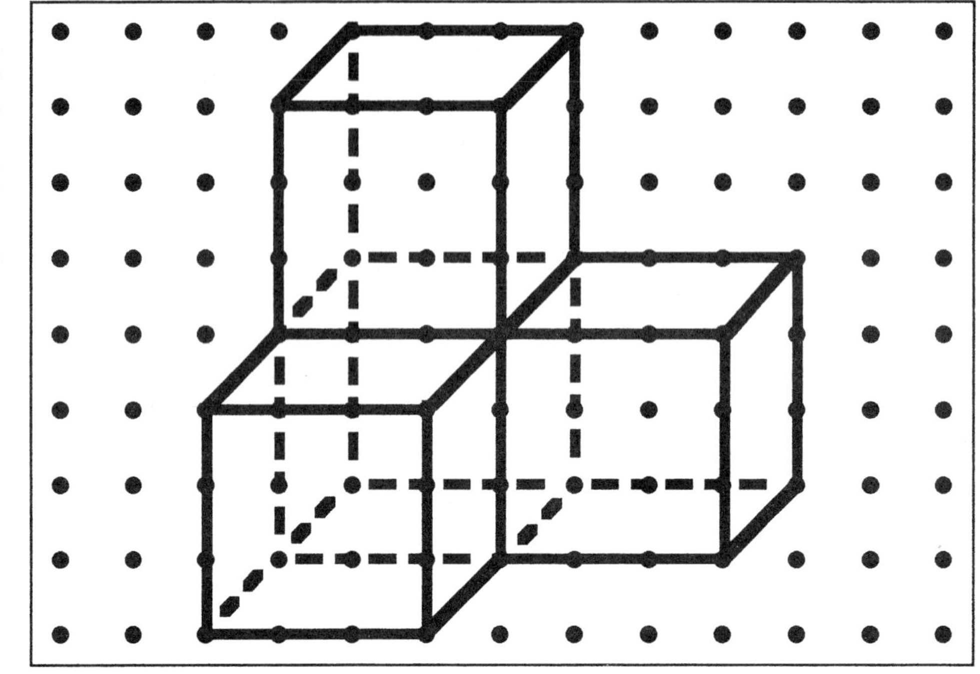

解答欄（かいとうらん）

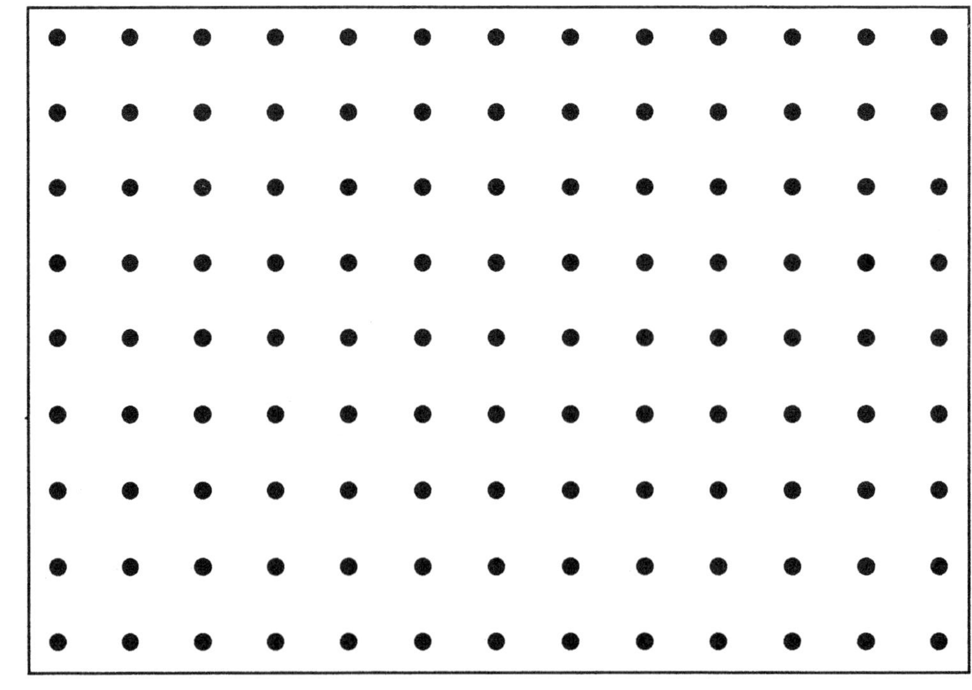

立方体（その１５）；４個その３　　　　　　月　　日

問題（もんだい）

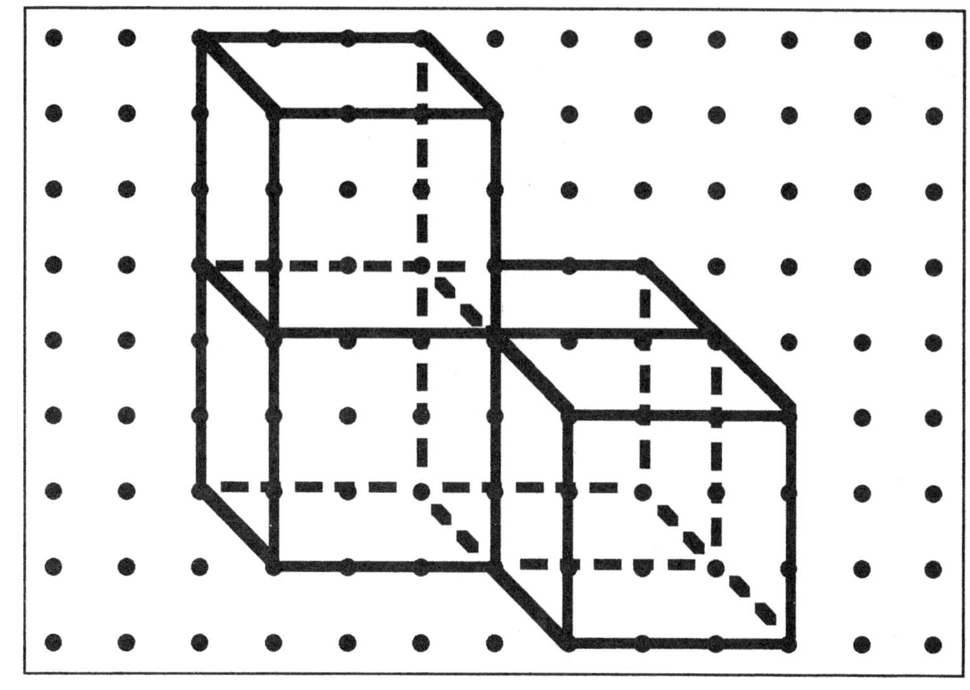

解答欄（かいとうらん）

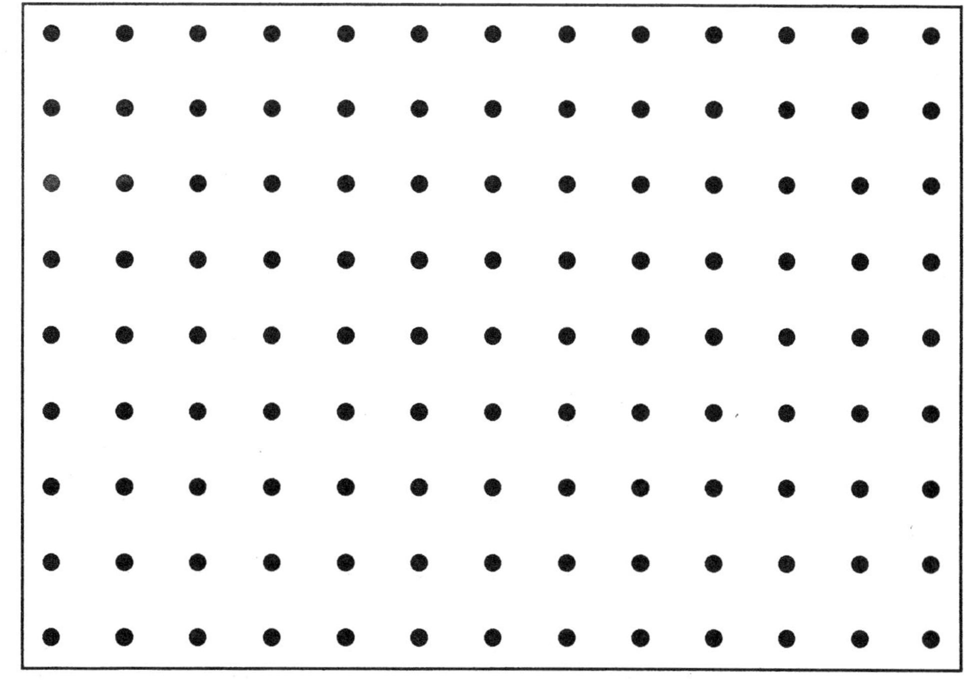

立方体（その１６）；４個その４　　　　　　　月　　日

問題（もんだい）

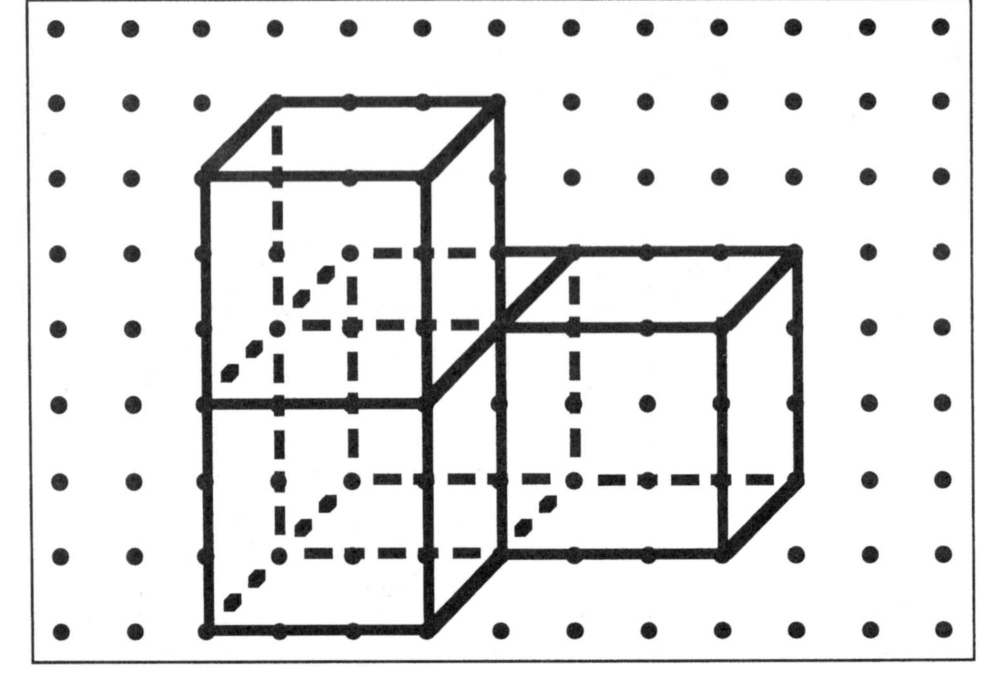

解答欄（かいとうらん）

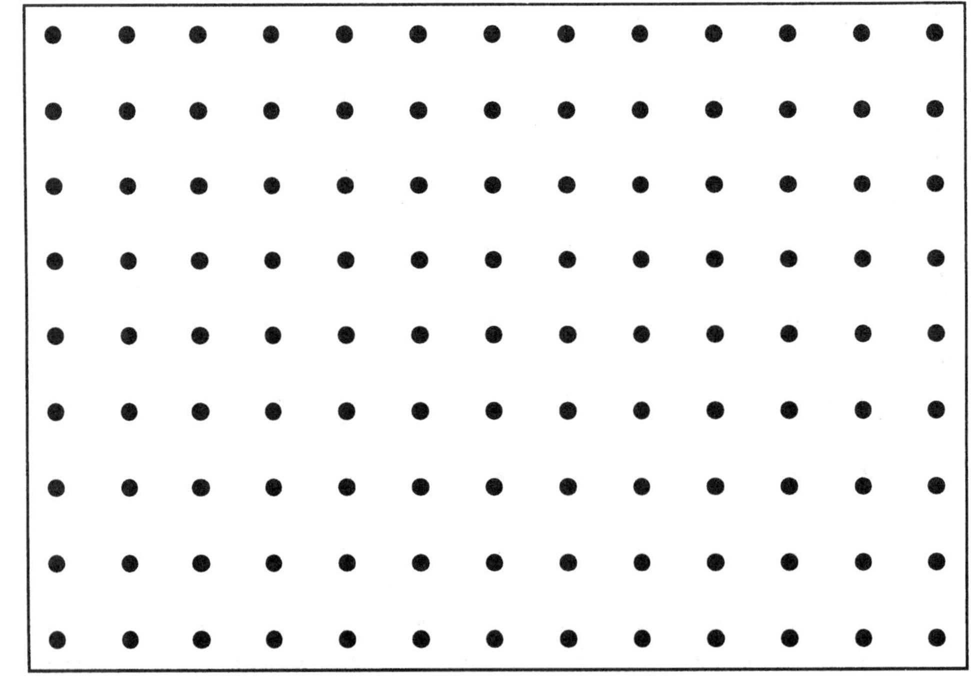

立方体（その１７）；５個その１　　　　　　　月　　日

問題（もんだい）

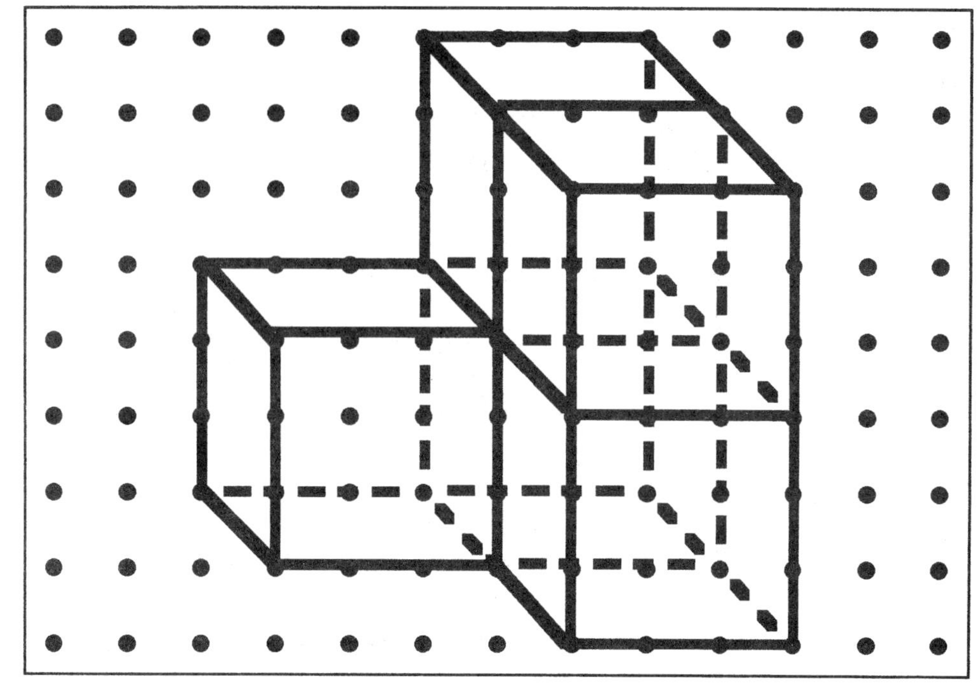

解答欄（かいとうらん）

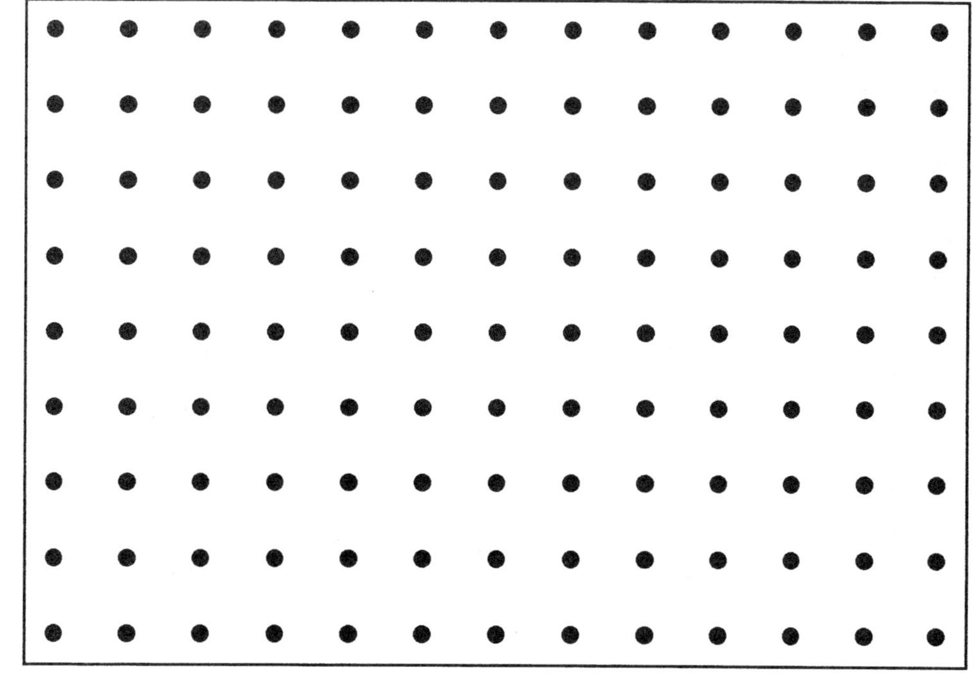

立方体（その１８）；５個その２　　　　　　　月　　日

問題（もんだい）

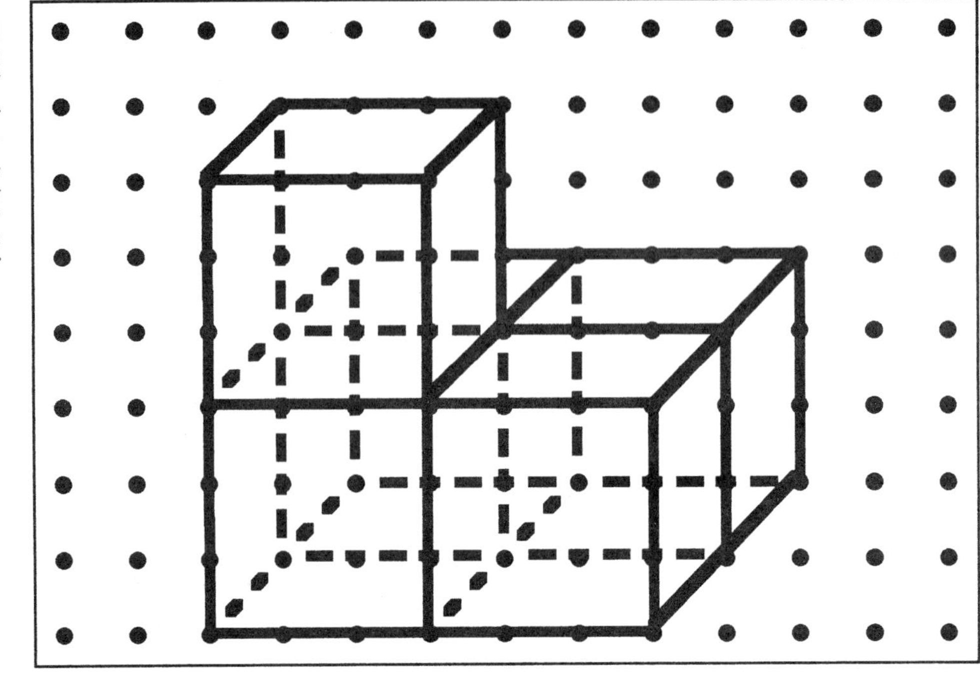

解答欄（かいとうらん）

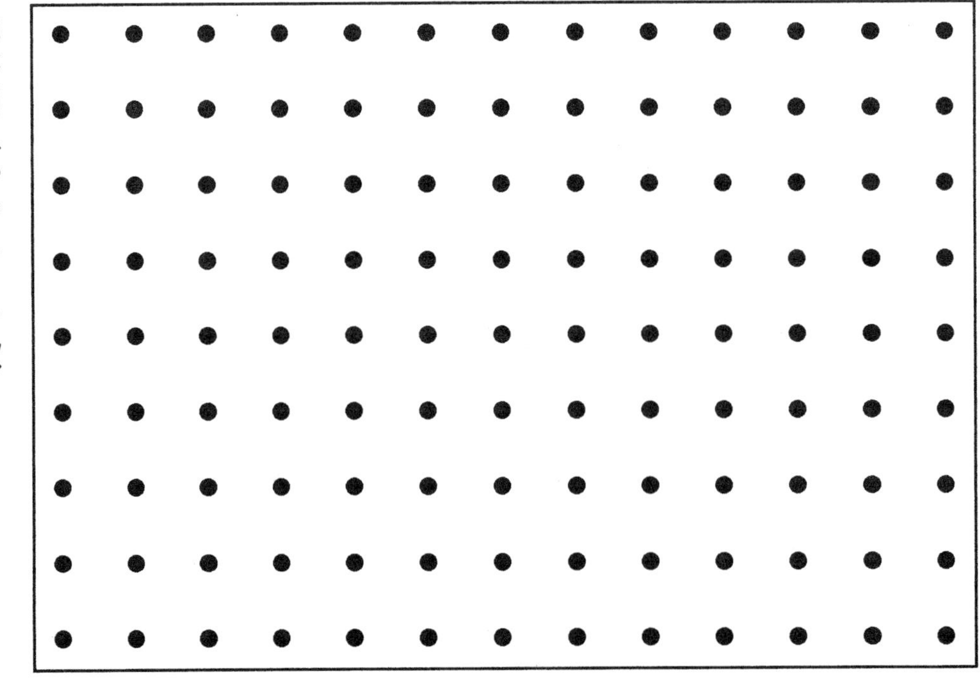

立方体（その１９）；５個その３　　　　　　　　月　　日

問題（もんだい）

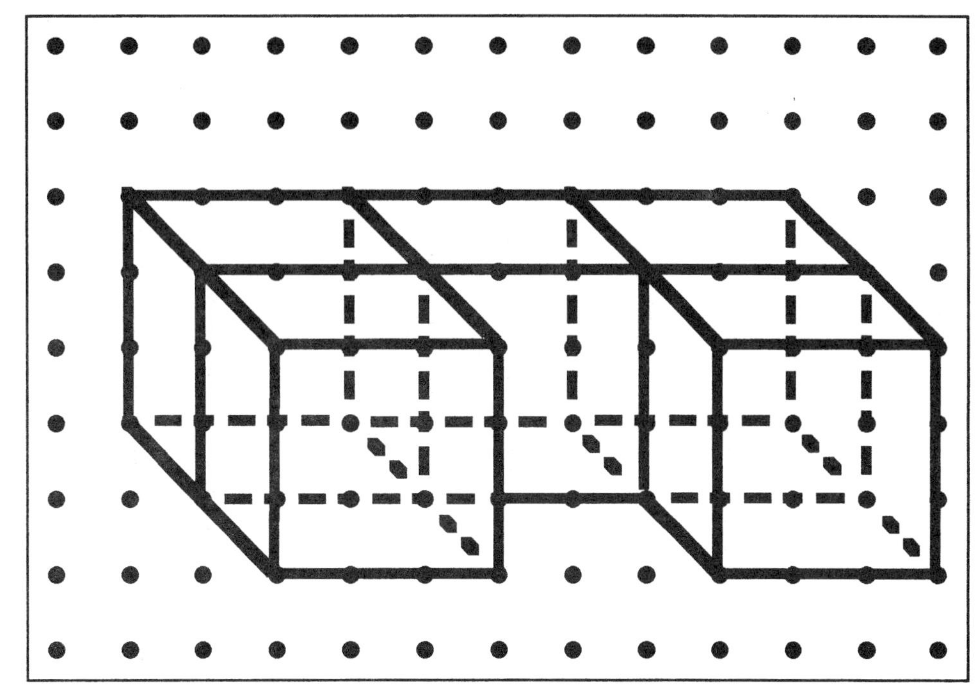

解答欄（かいとうらん）

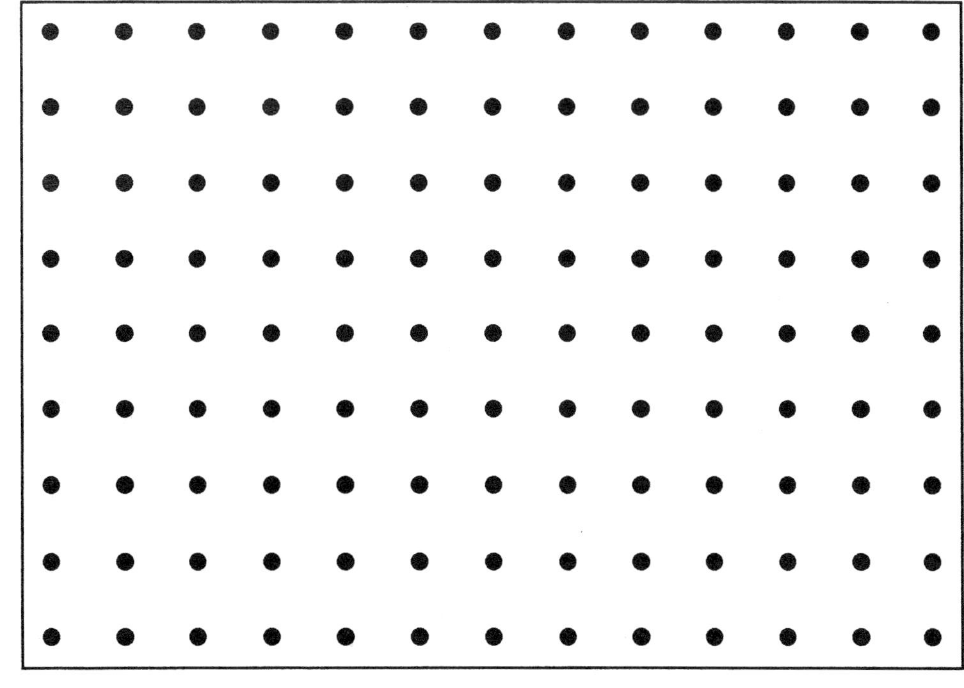

立方体（その２０）；５個その４　　　　　　　月　　日

問題（もんだい）

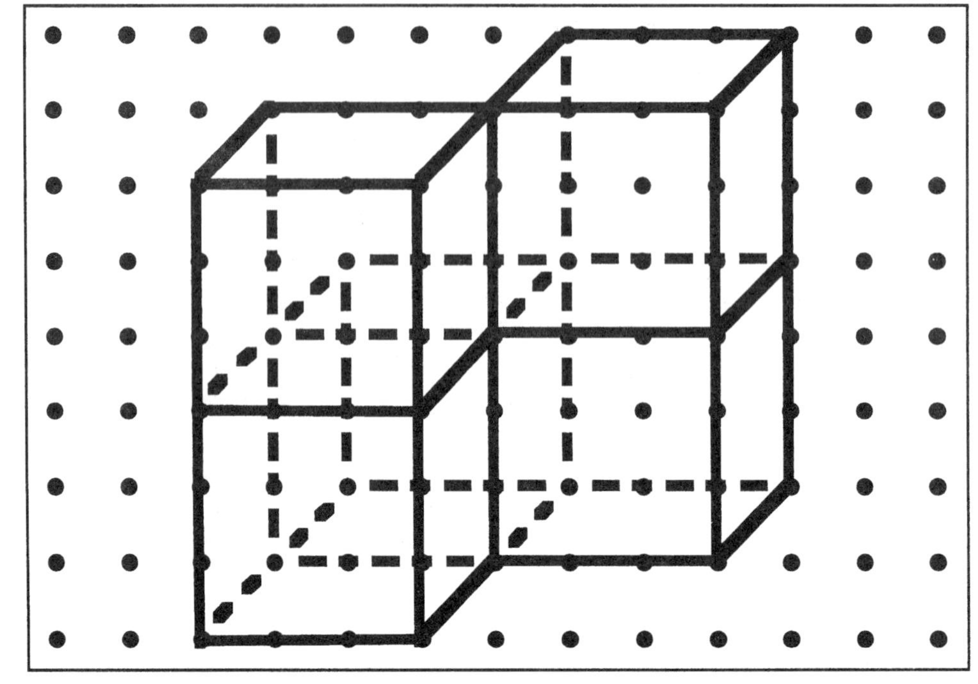

解答欄（かいとうらん）

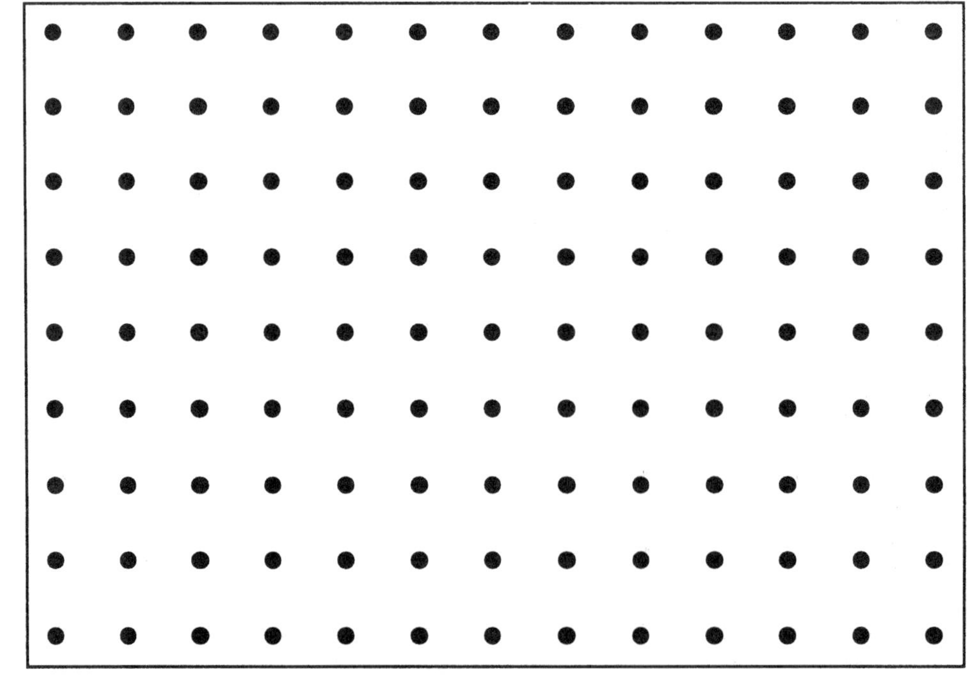

三角柱（さんかくちゅう）；３個　　　　　　　　月　　日

問題（もんだい）

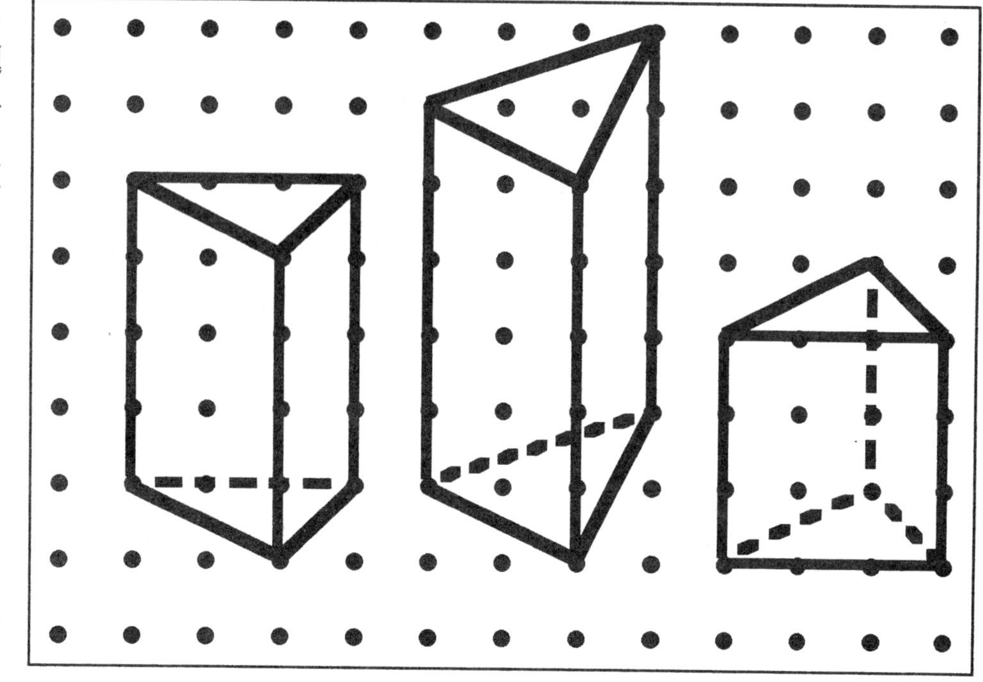

解答欄（かいとうらん）

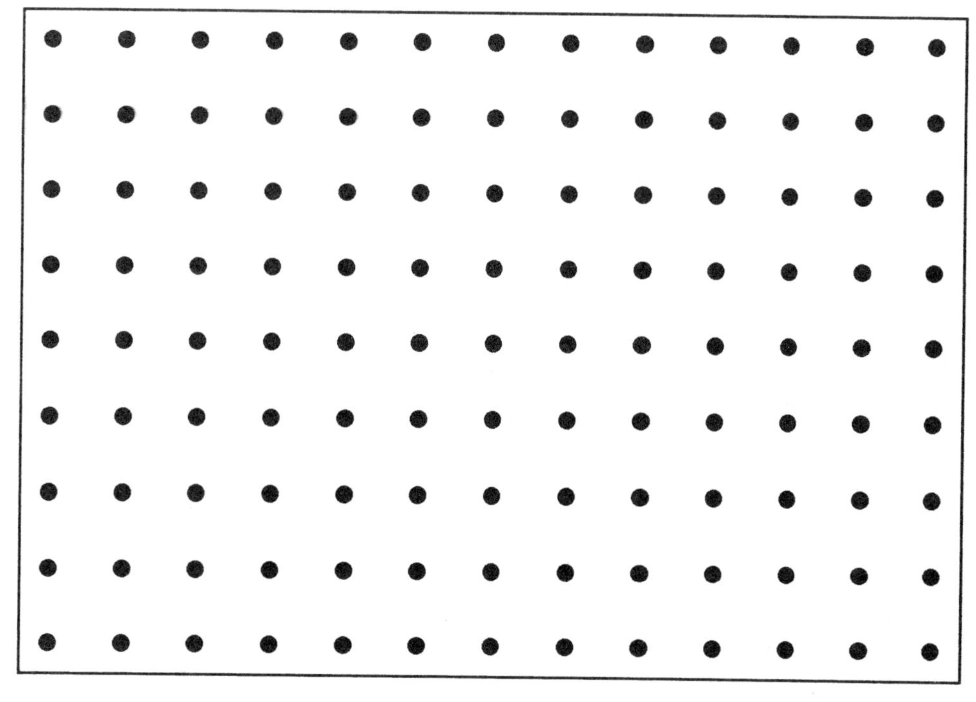

四角柱（しかくちゅう）；３個　　　　　　　　月　　日

問題（もんだい）

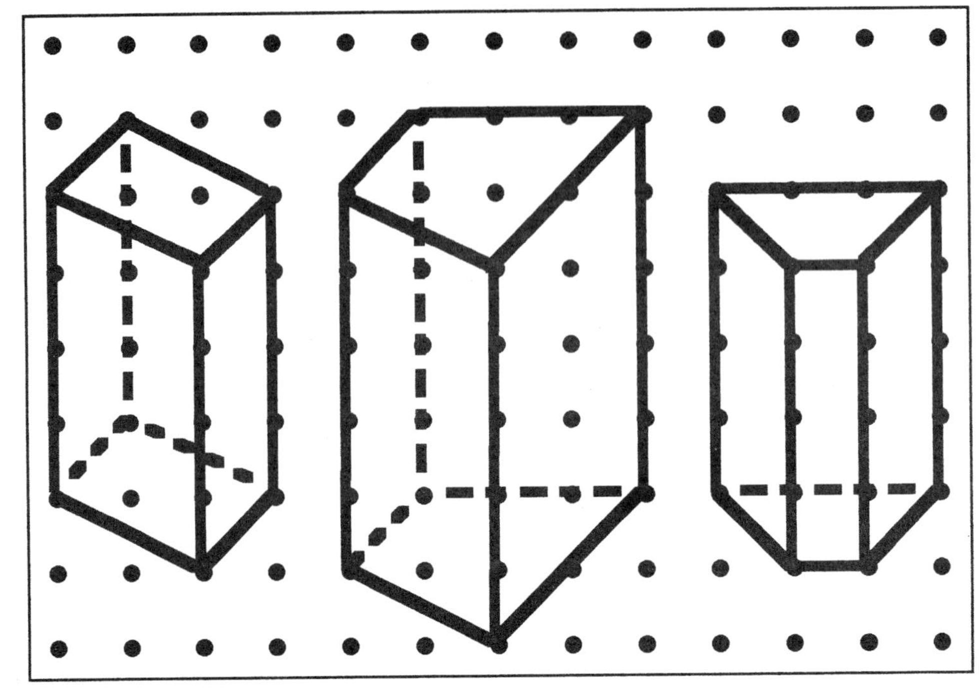

解答欄（かいとうらん）

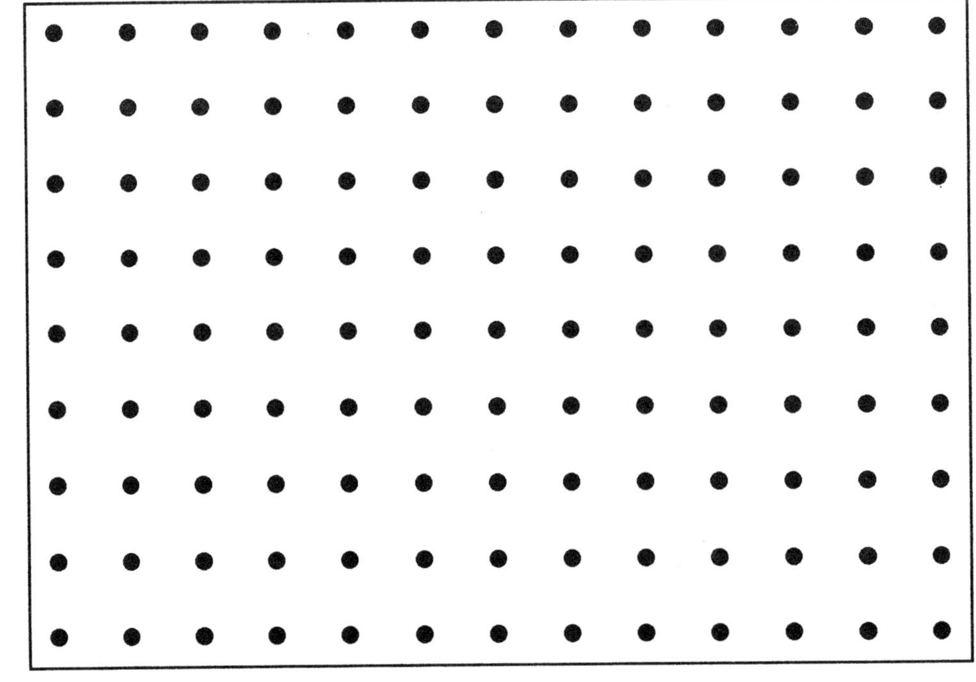

五角柱（ごかくちゅう）；２個　　　　　　　　　　月　　日

問題（もんだい）

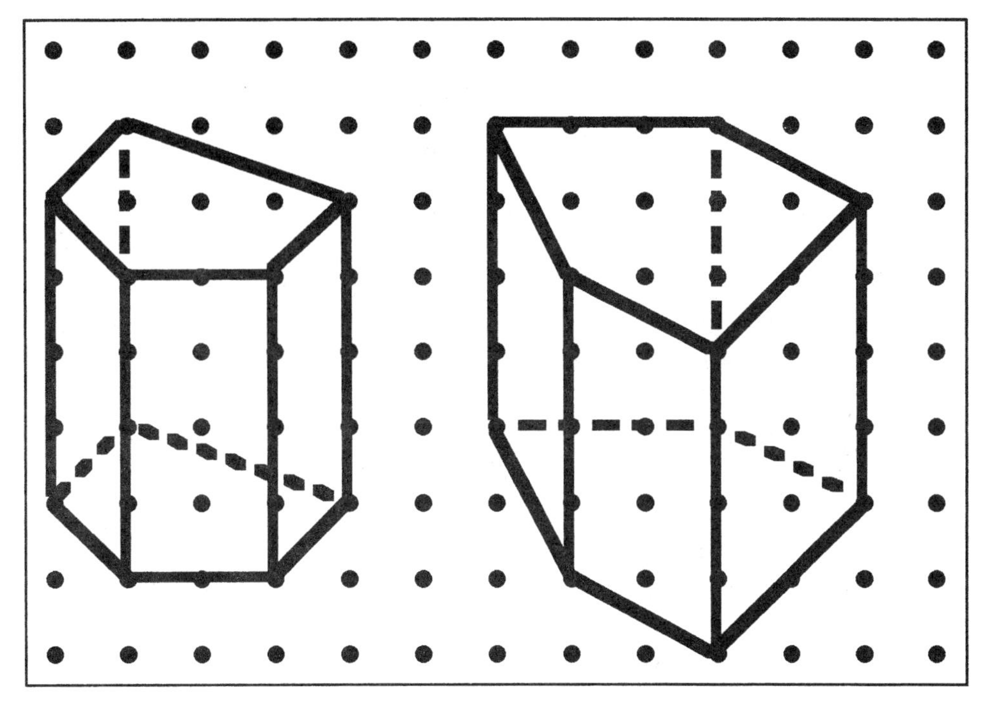

解答欄（かいとうらん）

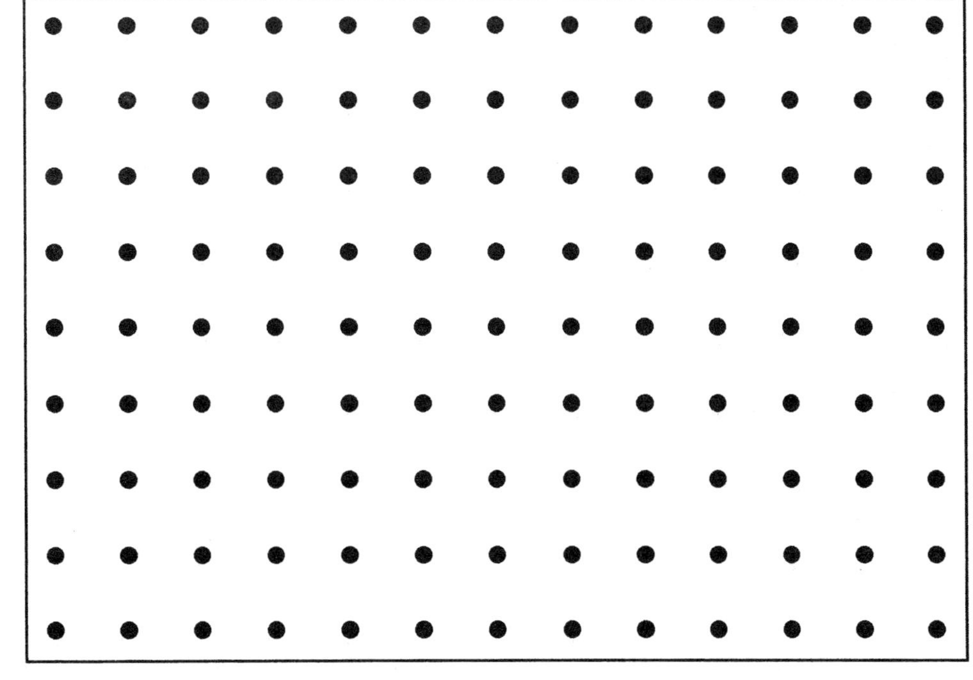

三角錐（さんかくすい）；３個　　　　　　　月　　日

問題（もんだい）

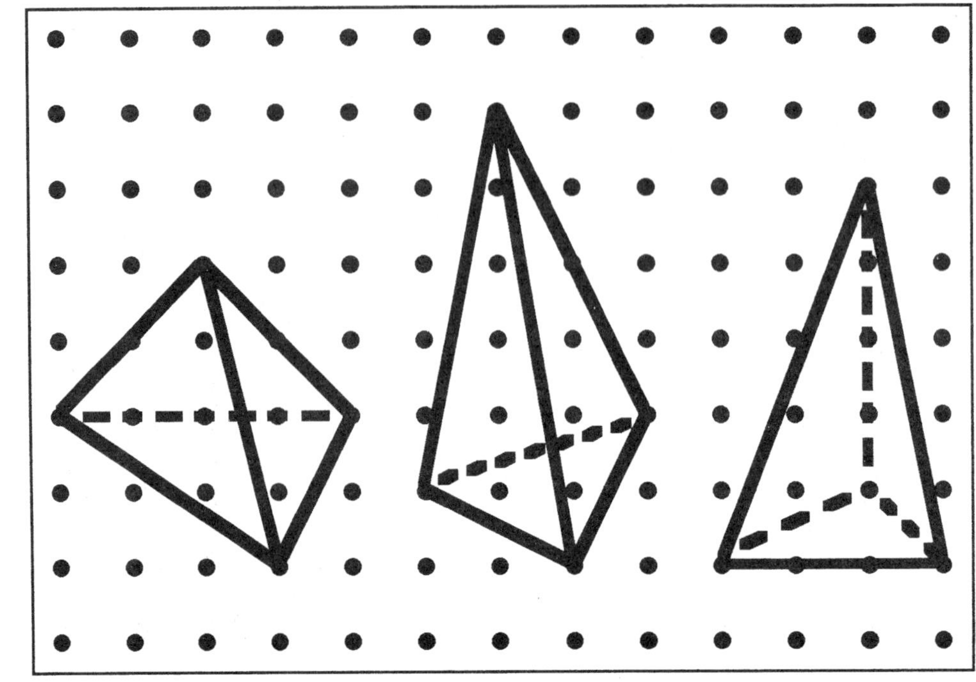

解答欄（かいとうらん）

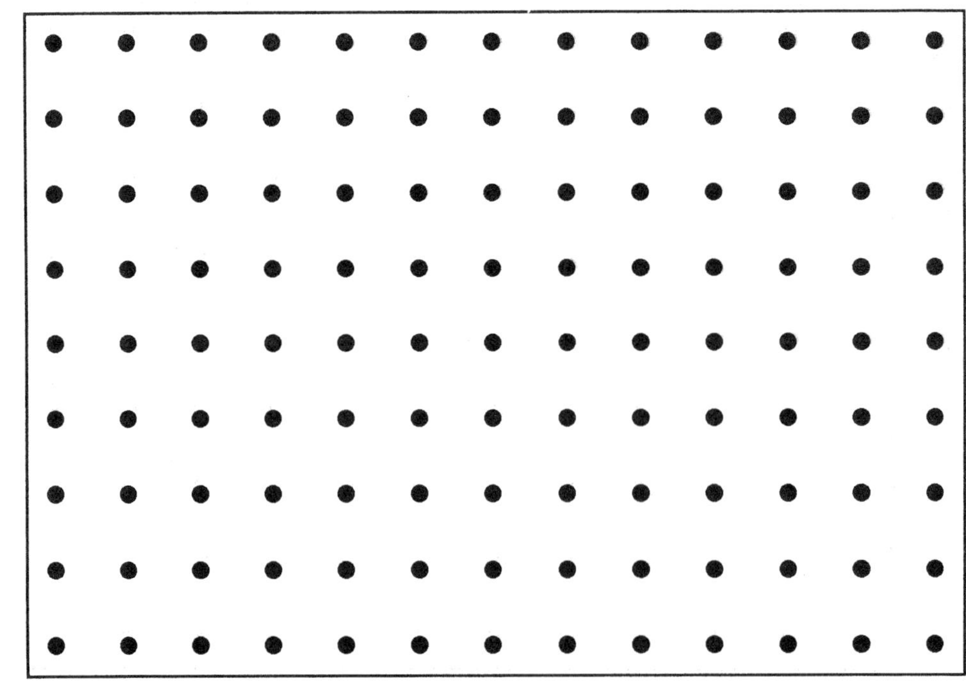

四角錐（しかくすい）；３個　　　　　　　　　　月　　日

問題（もんだい）

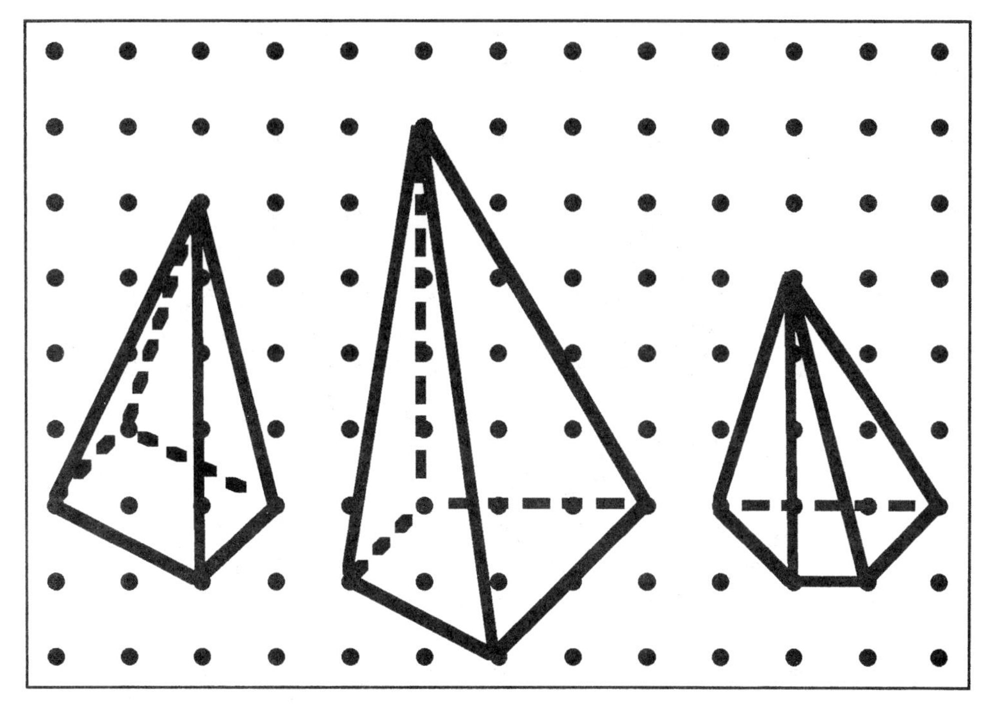

解答欄（かいとうらん）

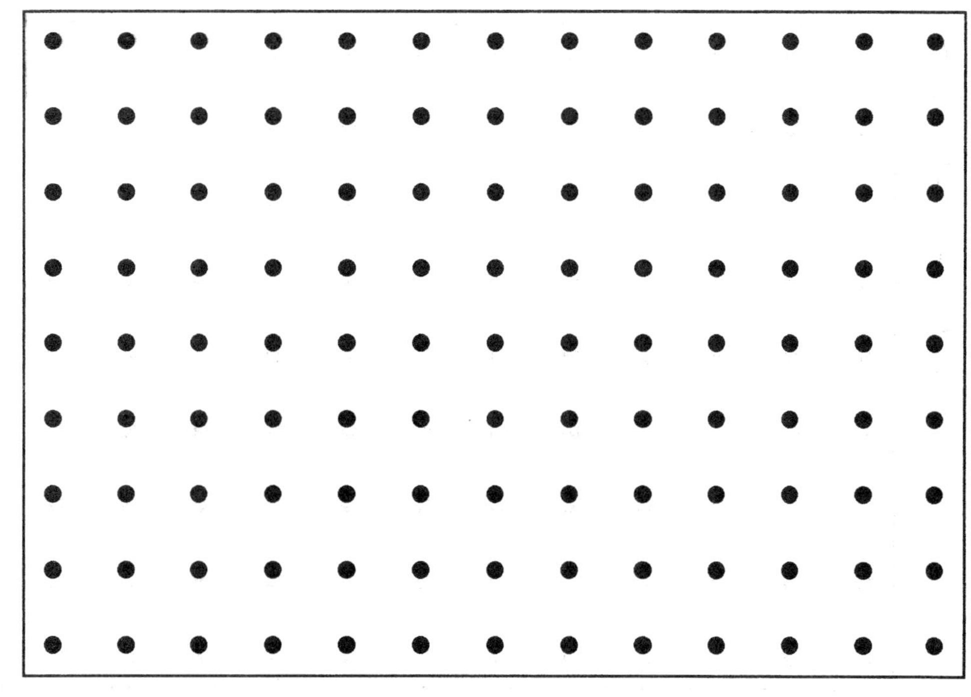

五角錐（ごかくすい）；２個　　　　　　　　　　　月　　日

問題（もんだい）

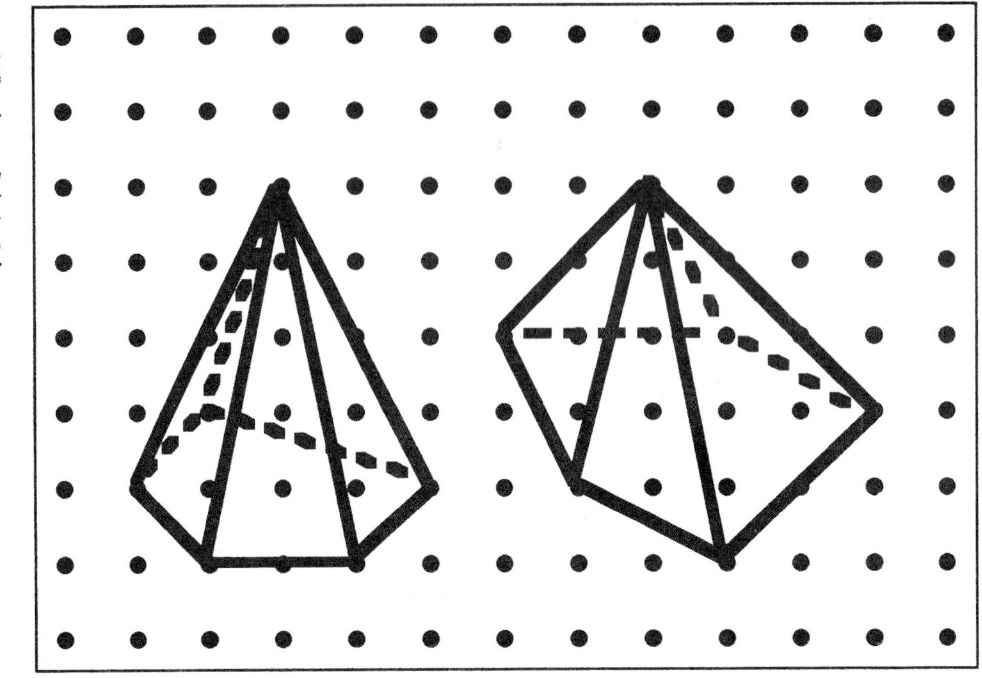

解答欄（かいとうらん）

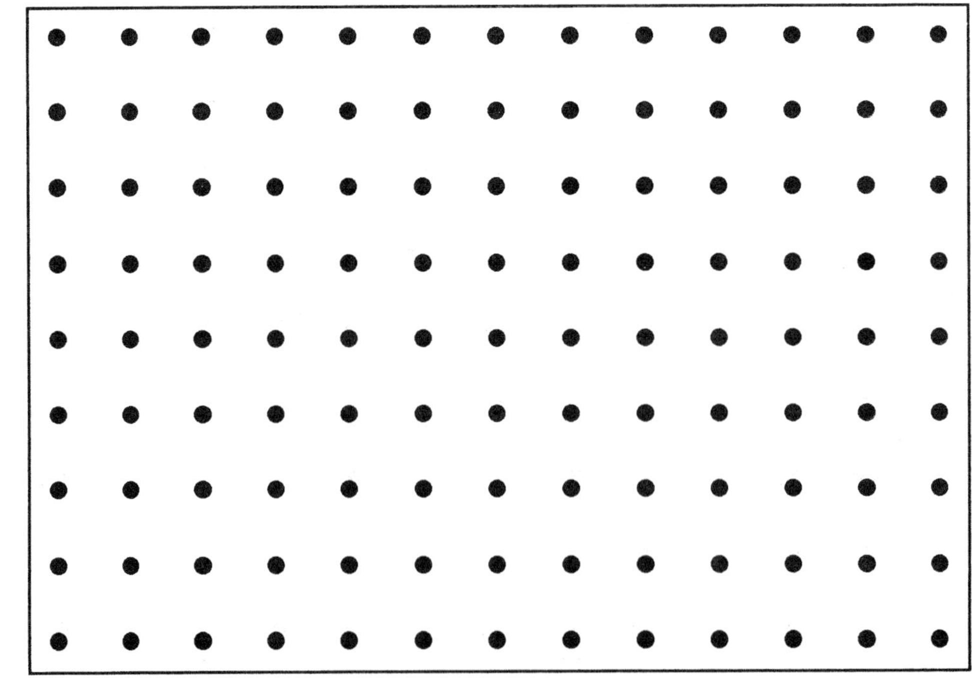

立方体の切り取り（その１）　　　　　　　　月　　日

問題（もんだい）

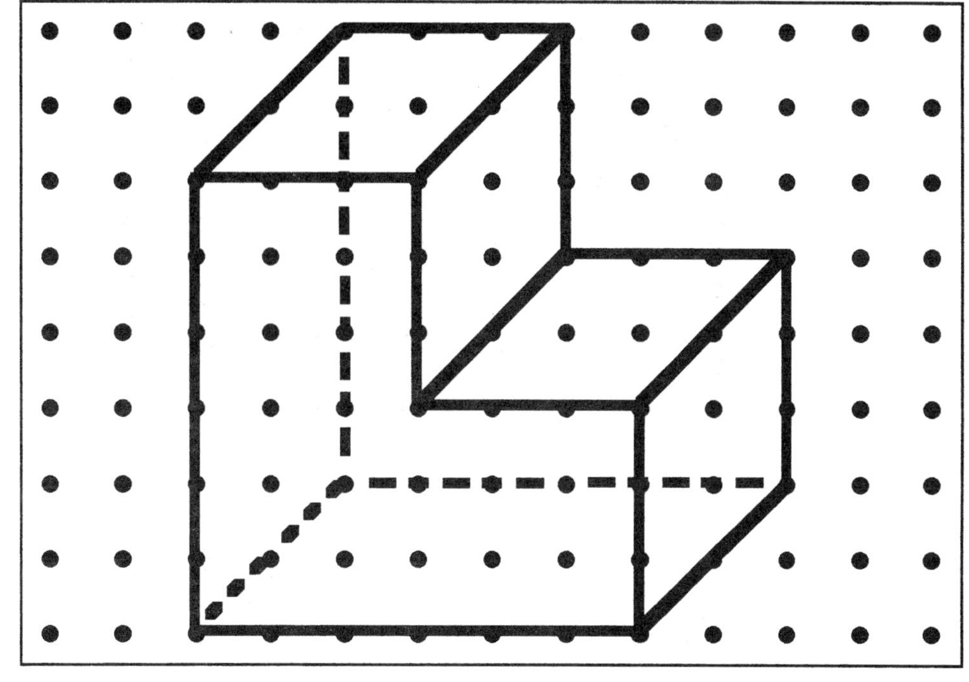

解答欄（かいとうらん）

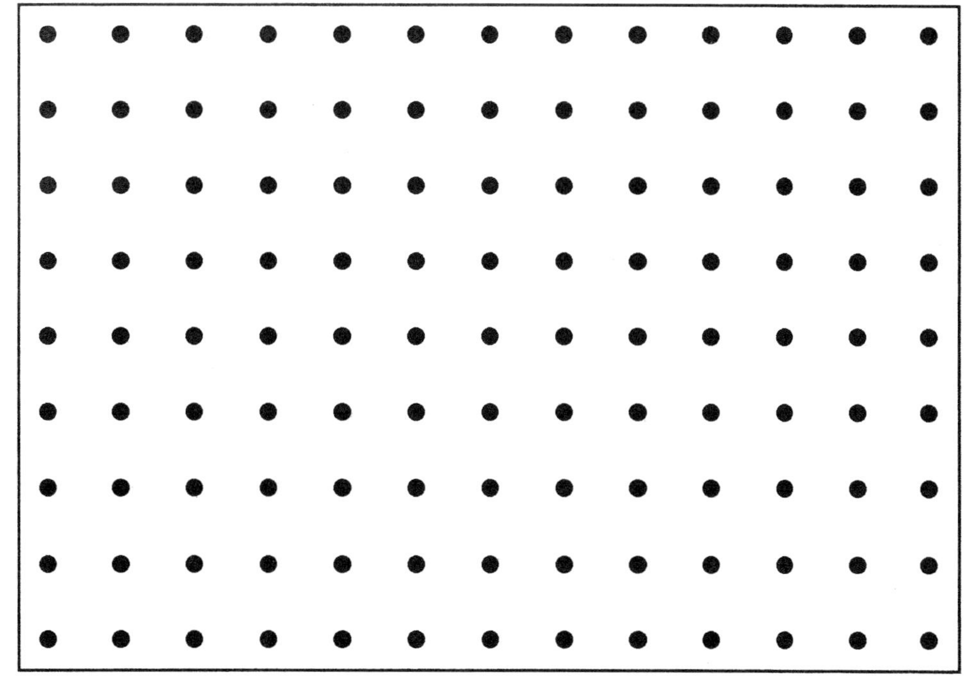

立方体の切り取り（その２）　　　　　　　　　月　　日

問題（もんだい）

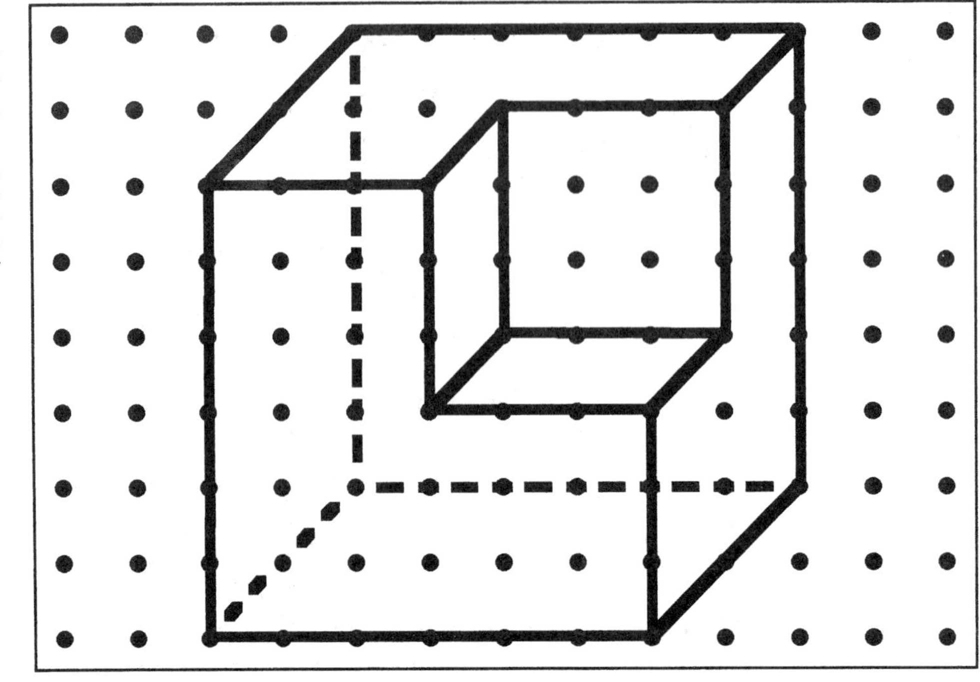

解答欄（かいとうらん）

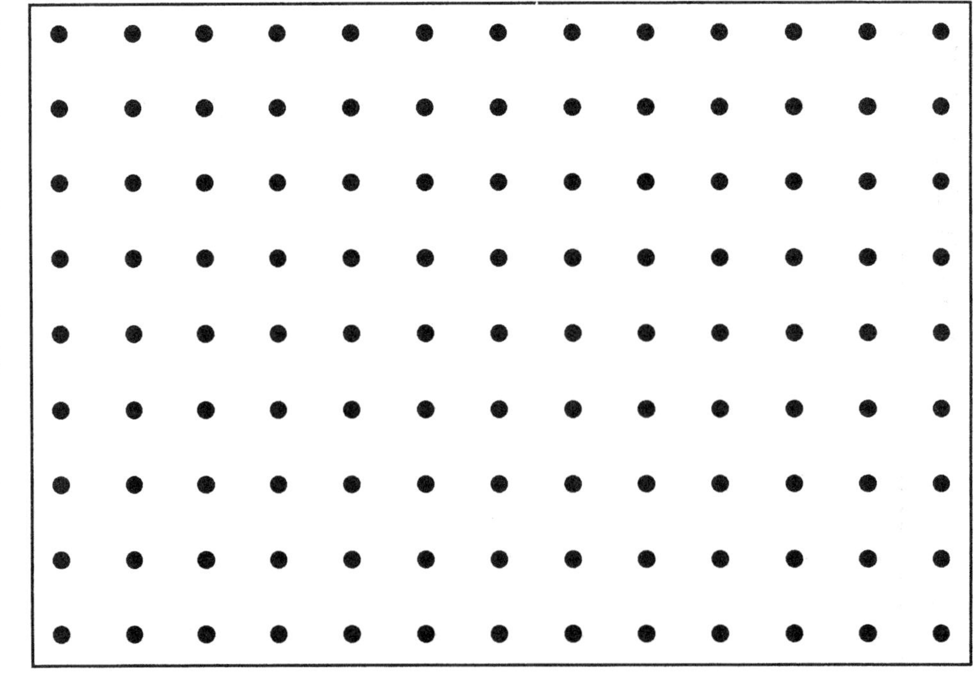

立方体の切り取り（その３）　　　　　　　　　　月　　日

問題（もんだい）

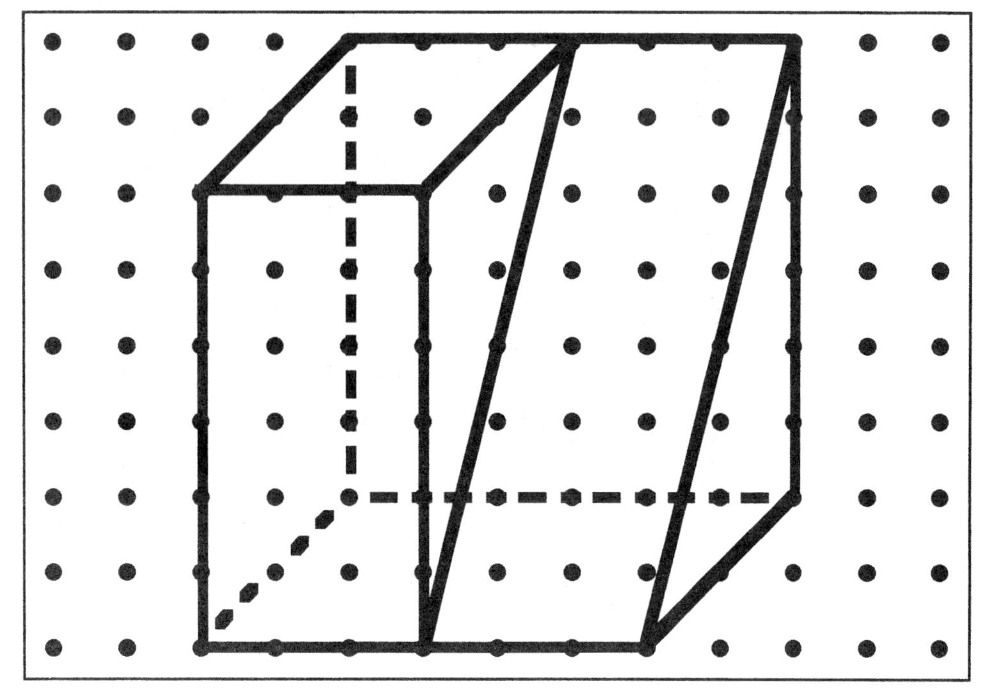

解答欄（かいとうらん）

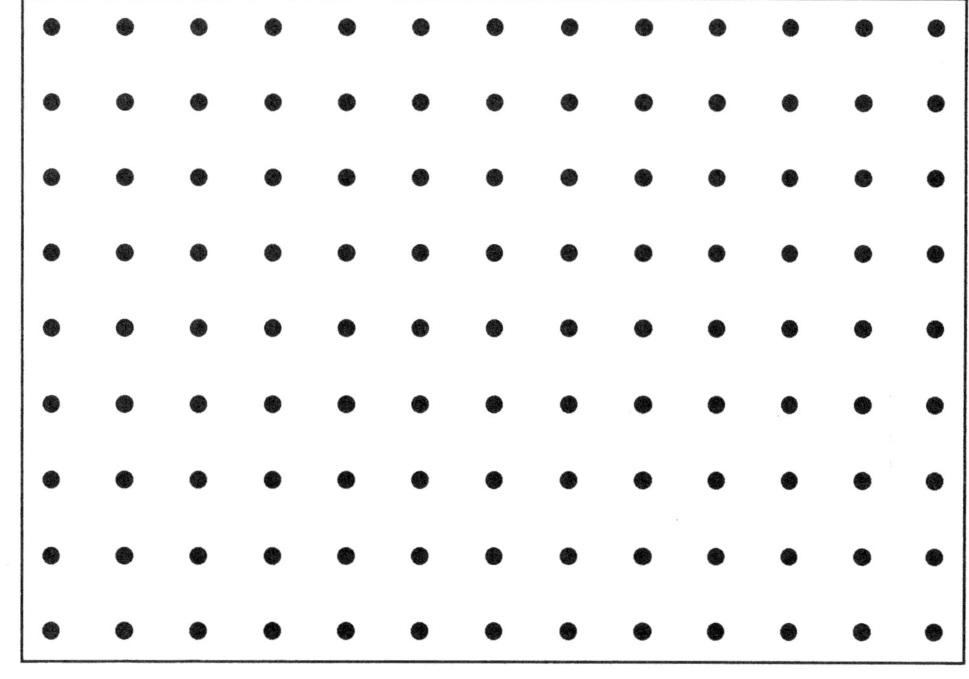

立方体の切り取り（その４）　　　　　　　　　　月　　日

問題（もんだい）

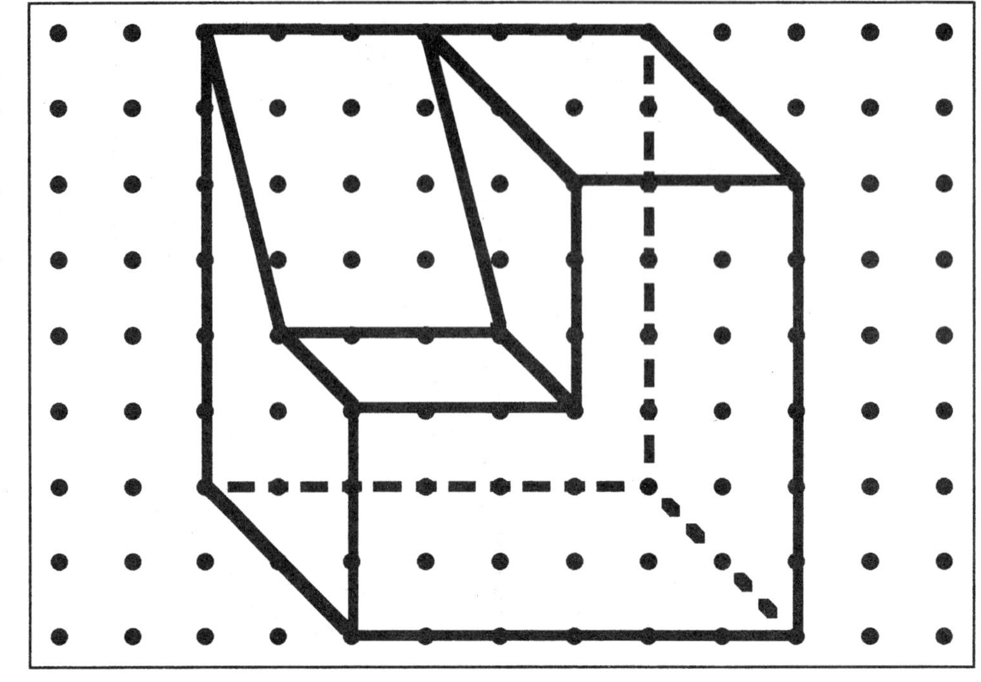

解答欄（かいとうらん）

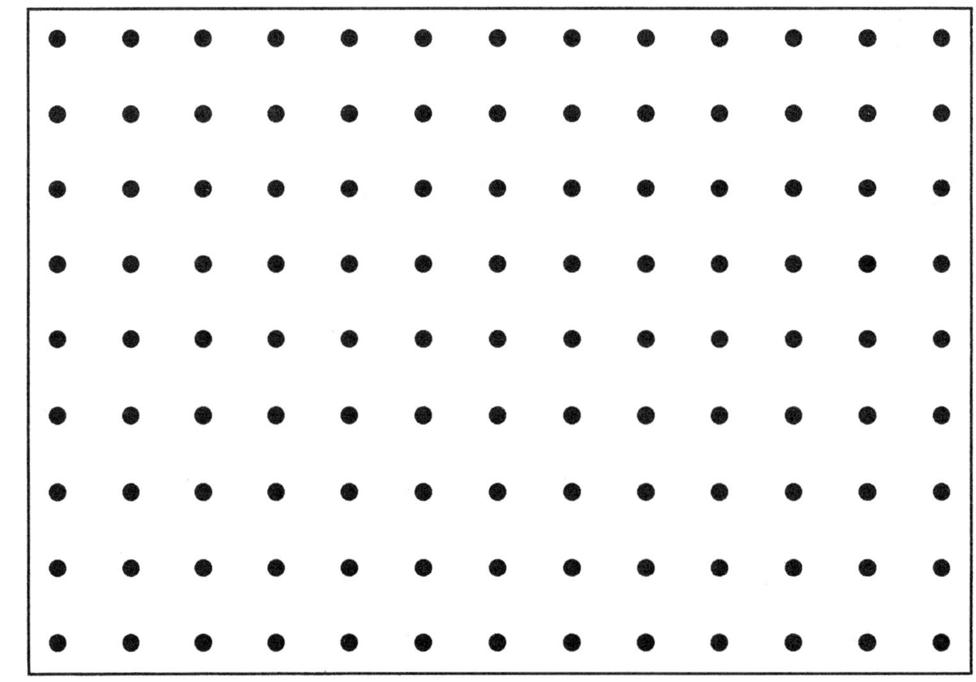

立方体の切り取り（その５）　　　　　　　　　　月　　日

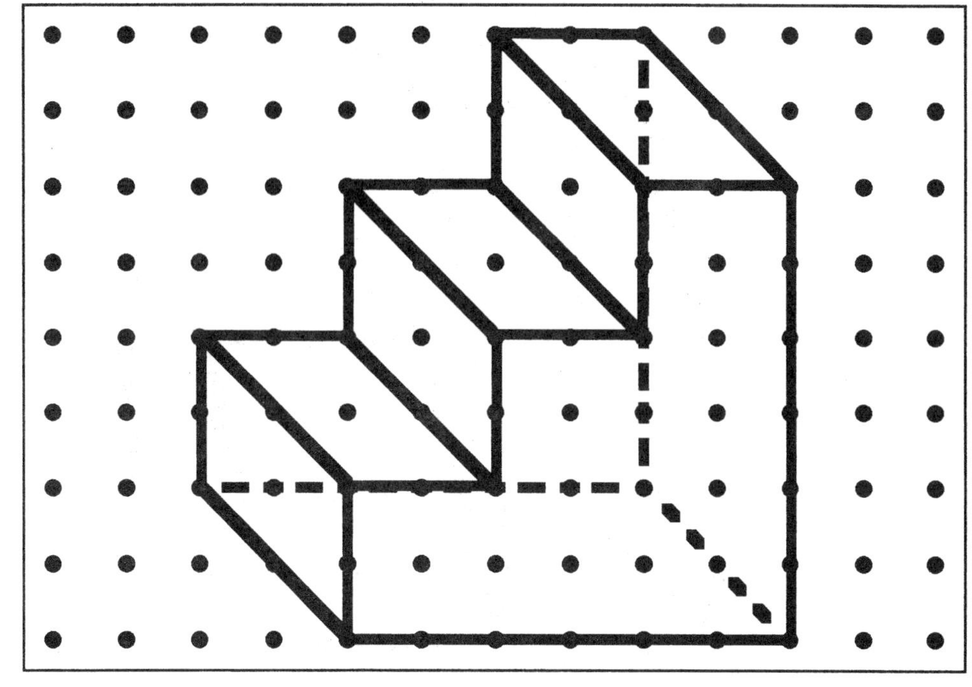

解答欄（かいとうらん）

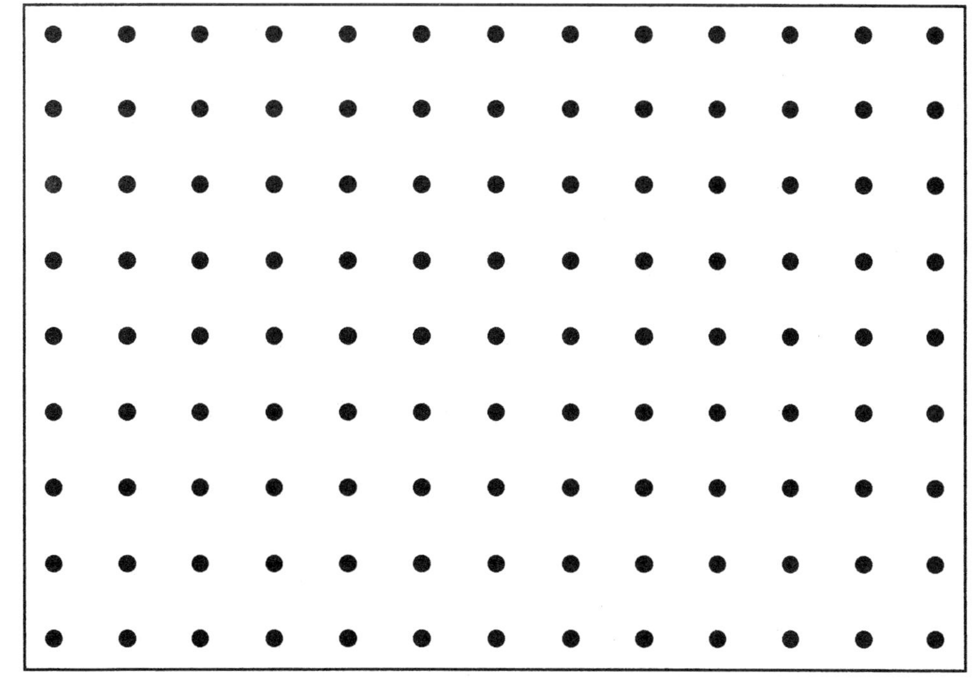

立方体の切り取り（その６）　　　　　　　　月　　日

問題（もんだい）

解答欄（かいとうらん）

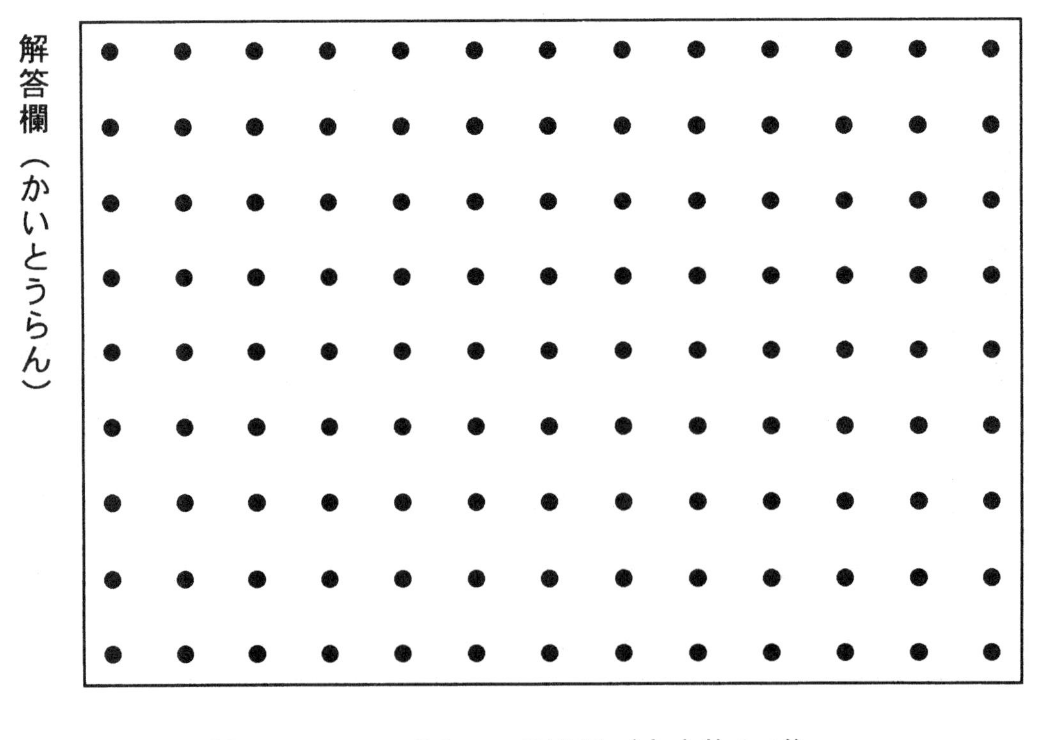

立方体の切り取り（その７）　　　　　　　　　　　　月　　日

問題（もんだい）

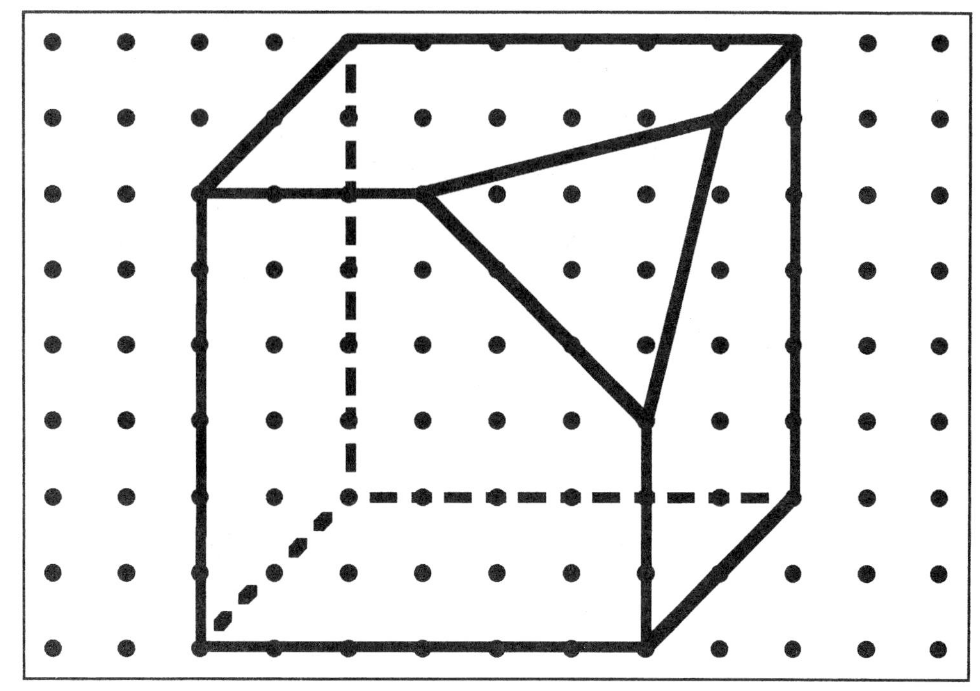

解答欄（かいとうらん）

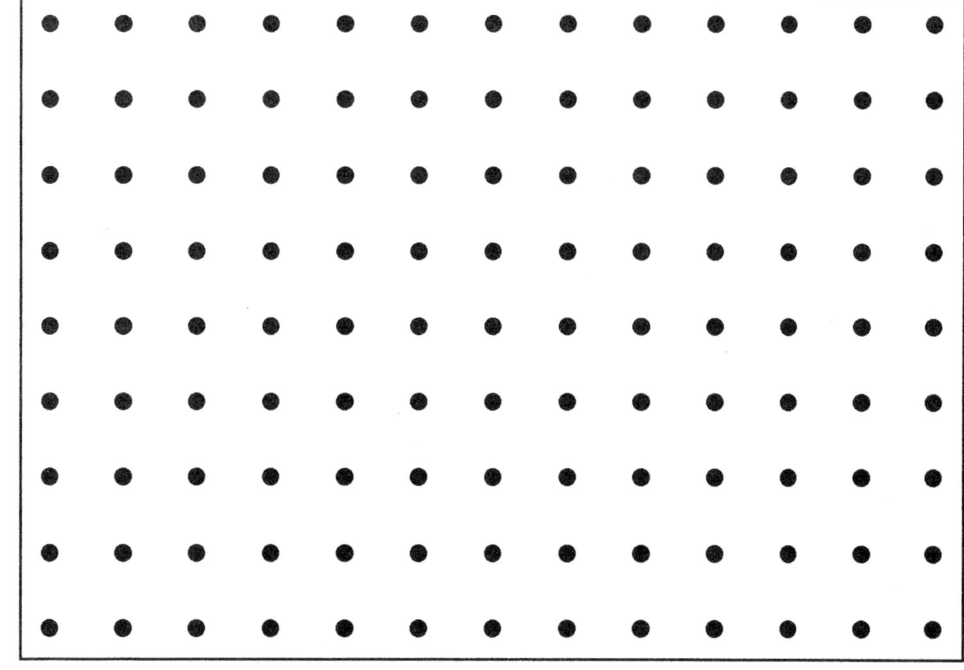

立方体の切り取り（その８）：四つの切り取り　　　　月　　日

問題（もんだい）

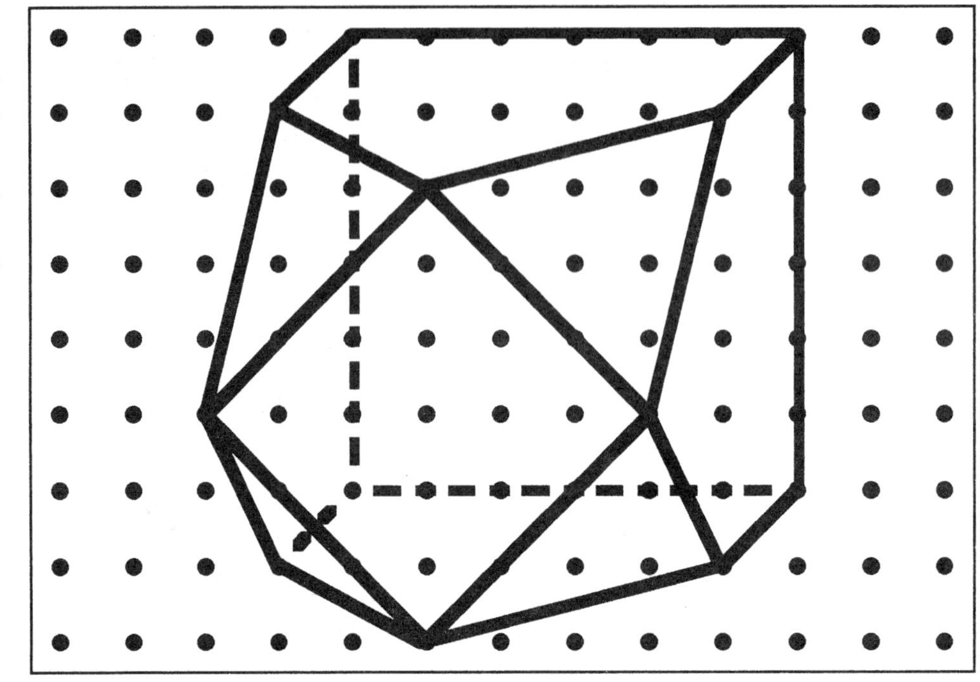

解答欄（かいとうらん）

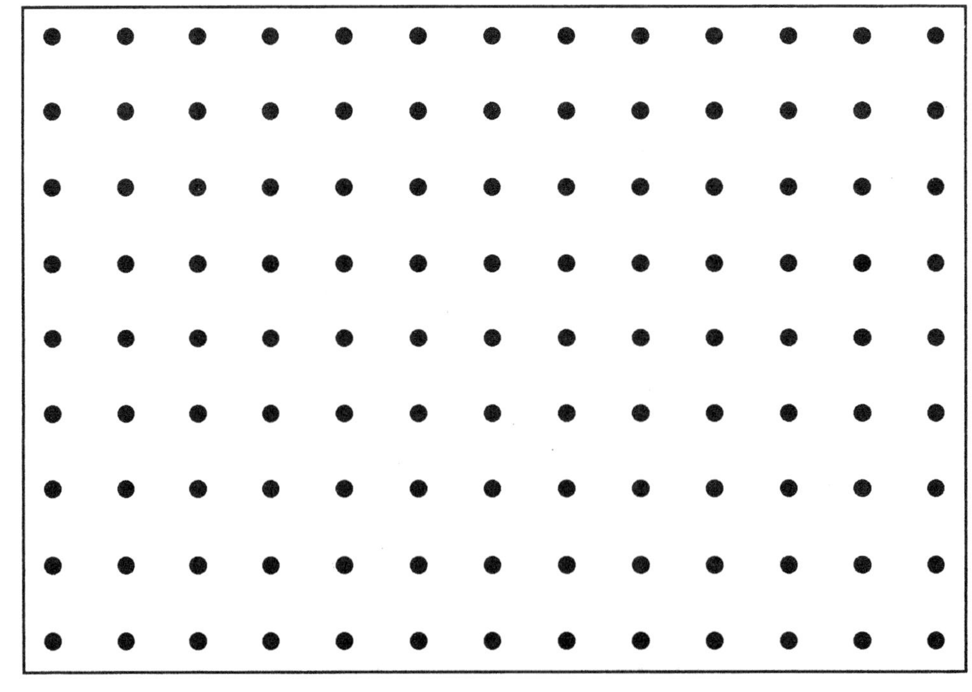

立方体の切り取り（その９）：おくの２個　　　　　月　　日

問題（もんだい）

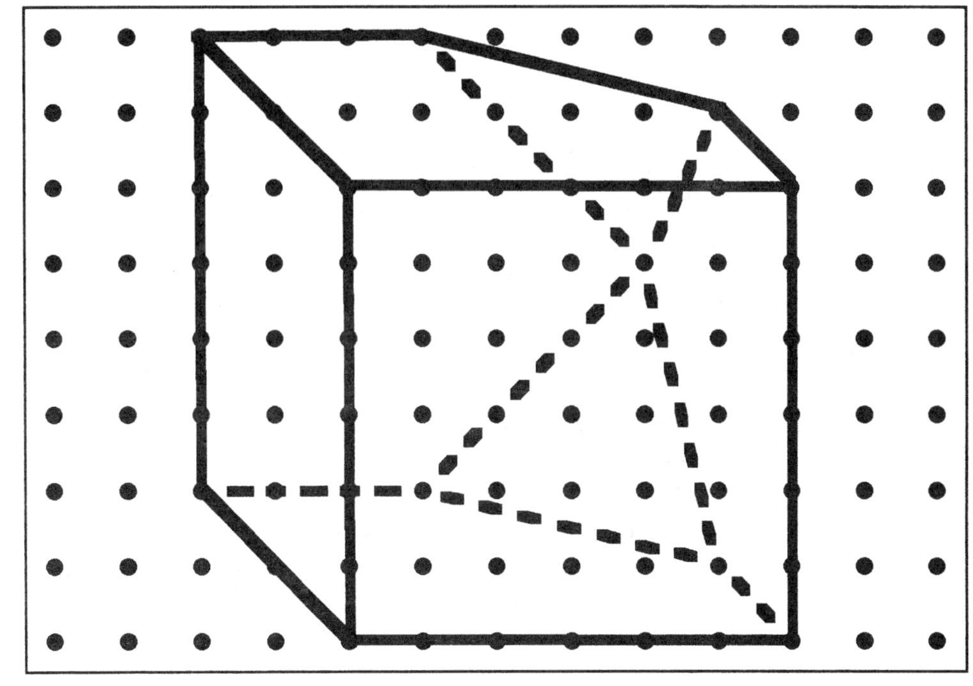

解答欄（かいとうらん）

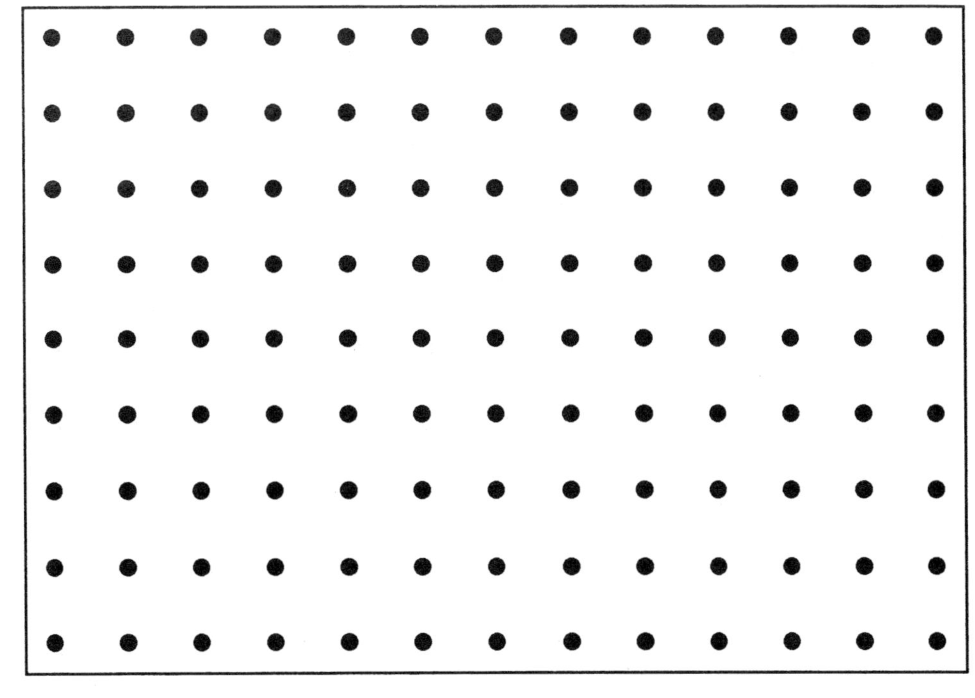

立方体の切り取り（その１０）：八個の切り取り　　　月　　日

問題（もんだい）

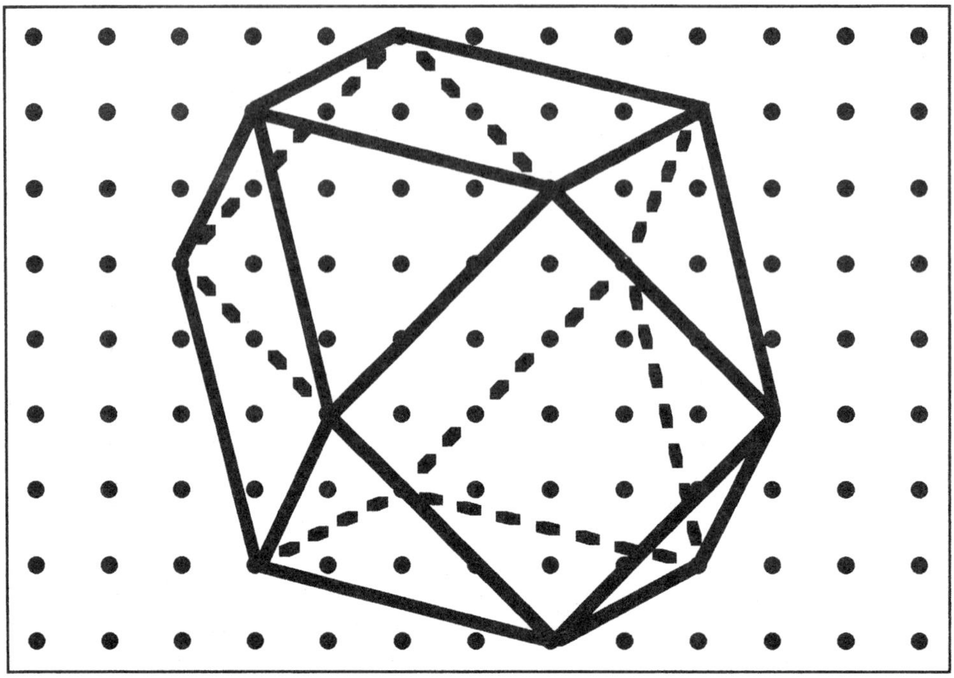

解答欄（かいとうらん）

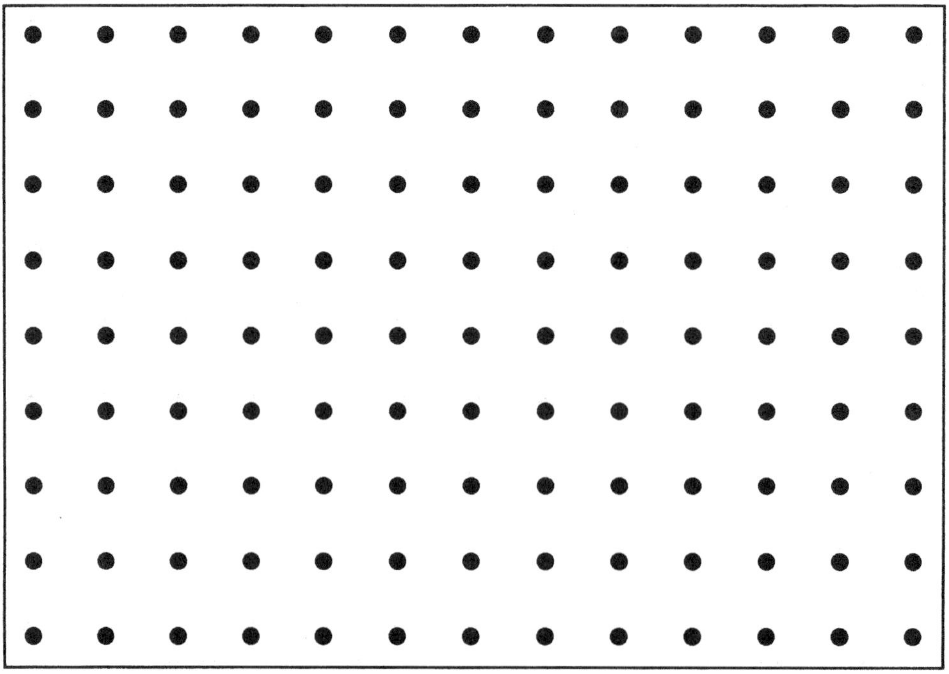

立方体の切り取り（その１１）；その２の続き　　　　月　　日

問題（もんだい）

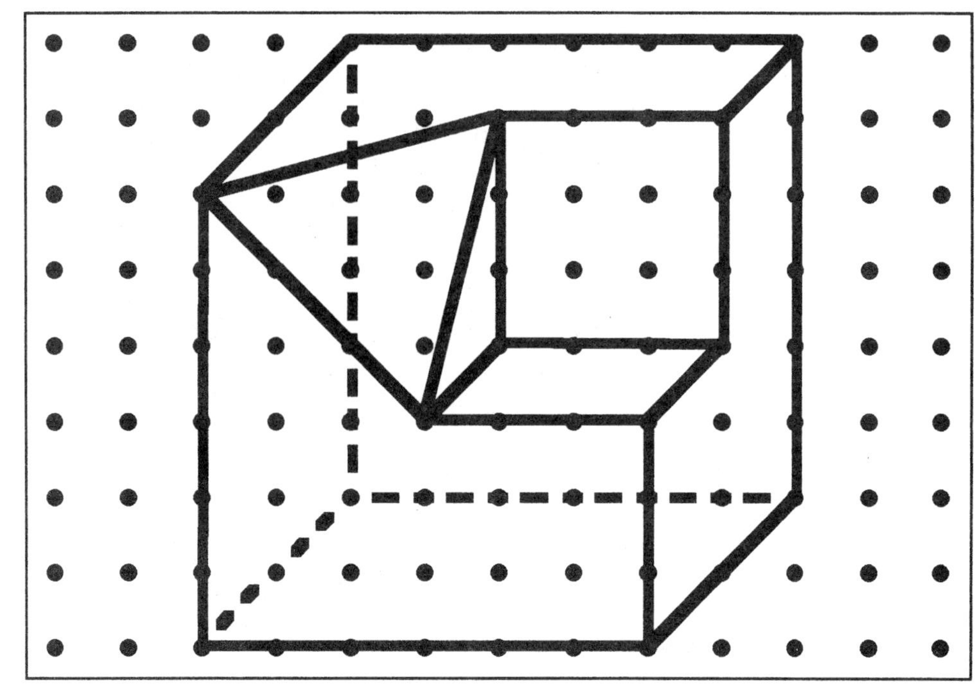

解答欄（かいとうらん）

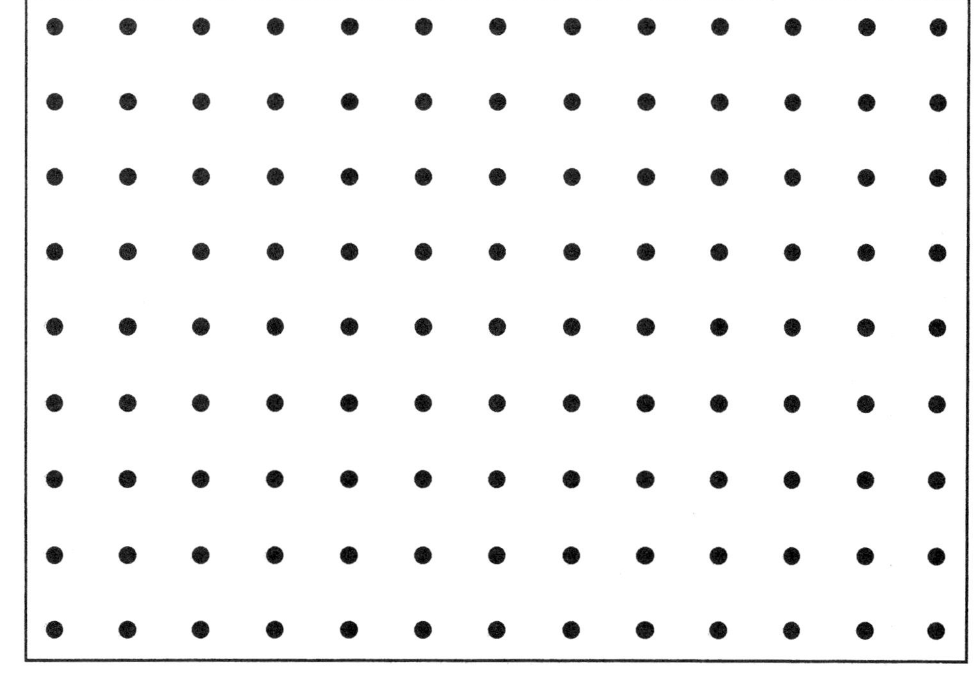

立方体の切り取り（その１２）　　　　　　　　月　　日

問題（もんだい）

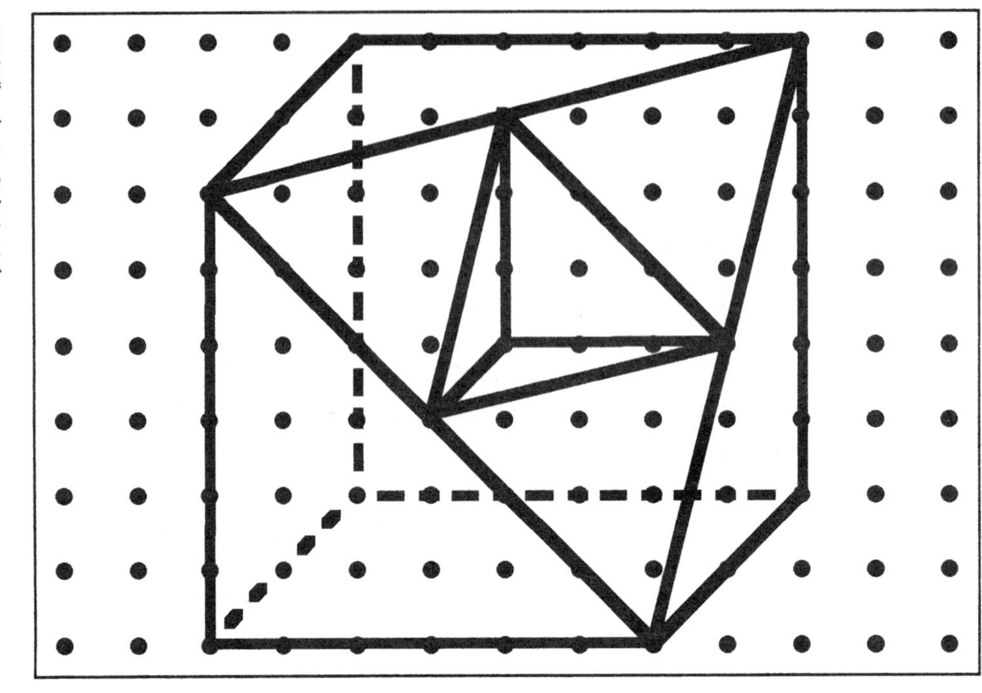

解答欄（かいとうらん）

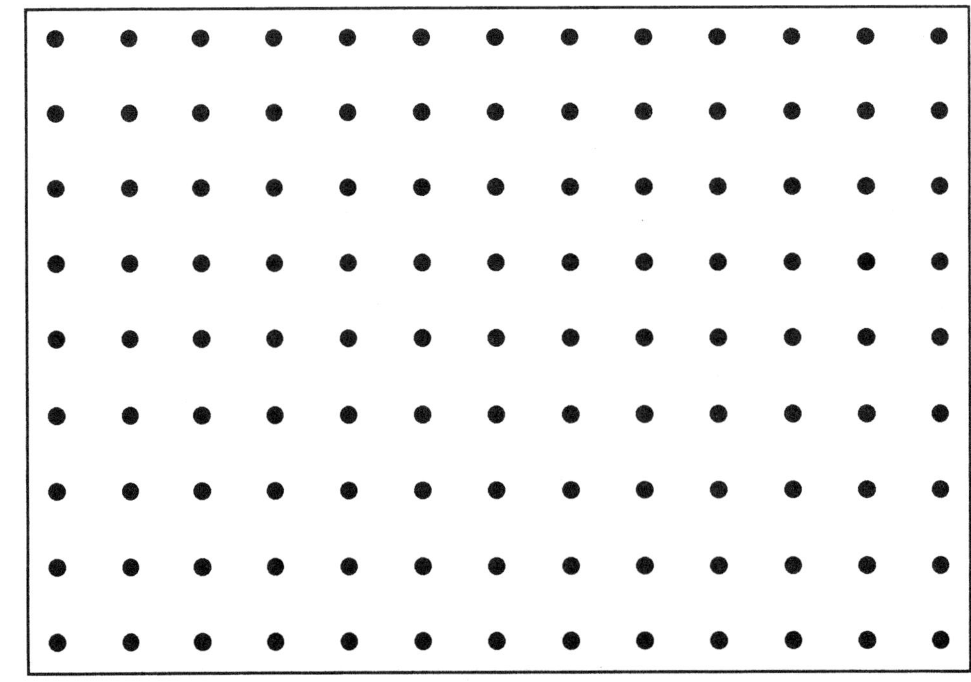

立方体の切り口（きりくち）；その1　　　　　月　　日

問題（もんだい）

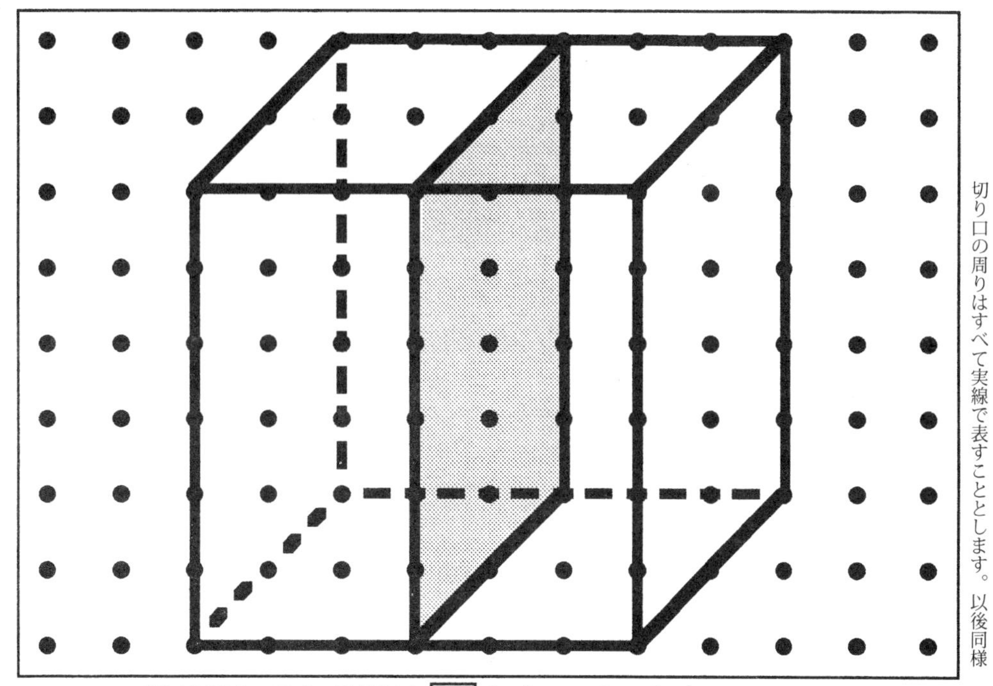

切り口の周りはすべて実線で表すこととします。以後同様

切り口にあたる面は ░ になっています。
解答欄には好きな色をぬりましょう。

解答欄（かいとうらん）

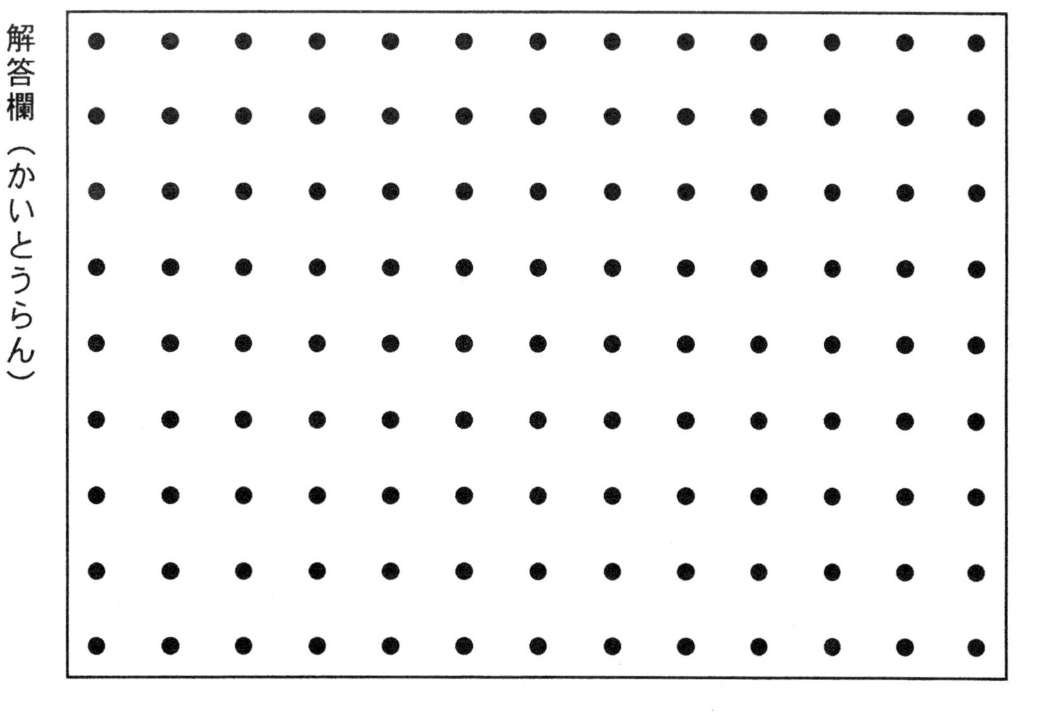

立方体の切り口（きりくち）；その２　　　　　月　　日

問題（もんだい）

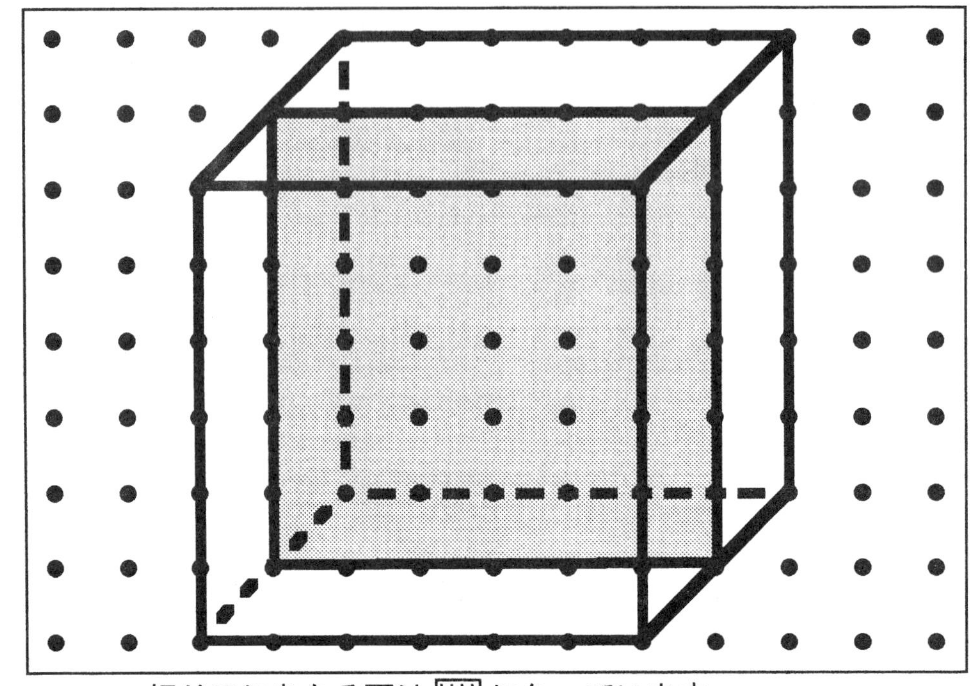

切り口にあたる面は ▒ になっています。
解答欄には好きな色をぬりましょう。

解答欄（かいとうらん）

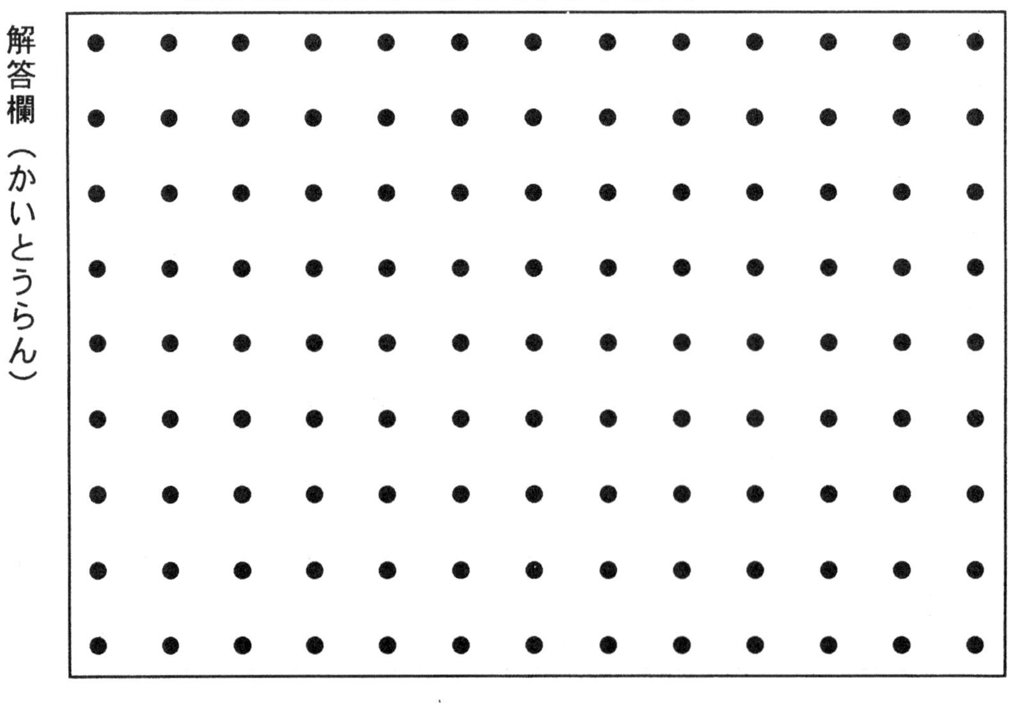

立方体の切り口（きりくち）；その3　　　　　月　　日

問題（もんだい）

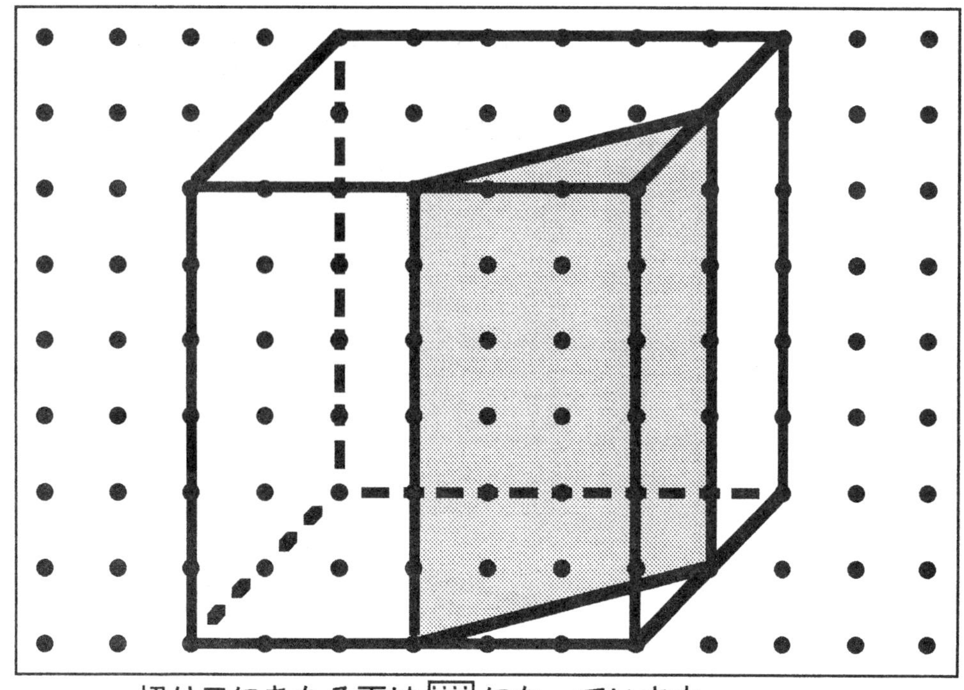

切り口にあたる面は［網掛け］になっています。
解答欄には好きな色をぬりましょう。

解答欄（かいとうらん）

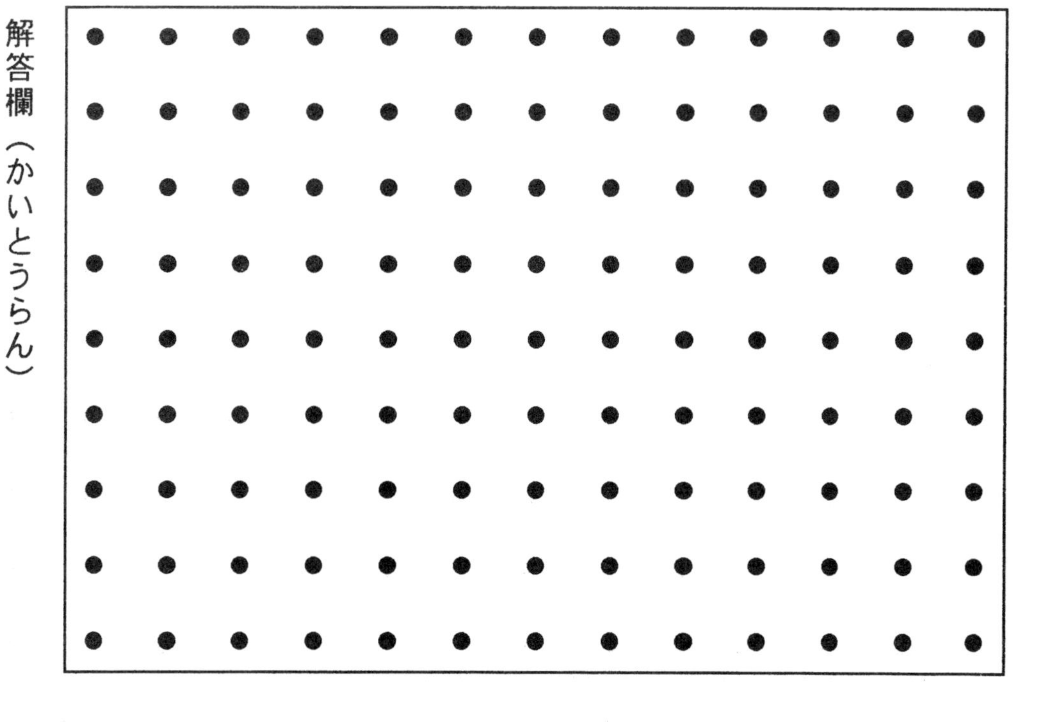

立方体の切り口（きりくち）；その４　　　　　　月　　日

問題（もんだい）

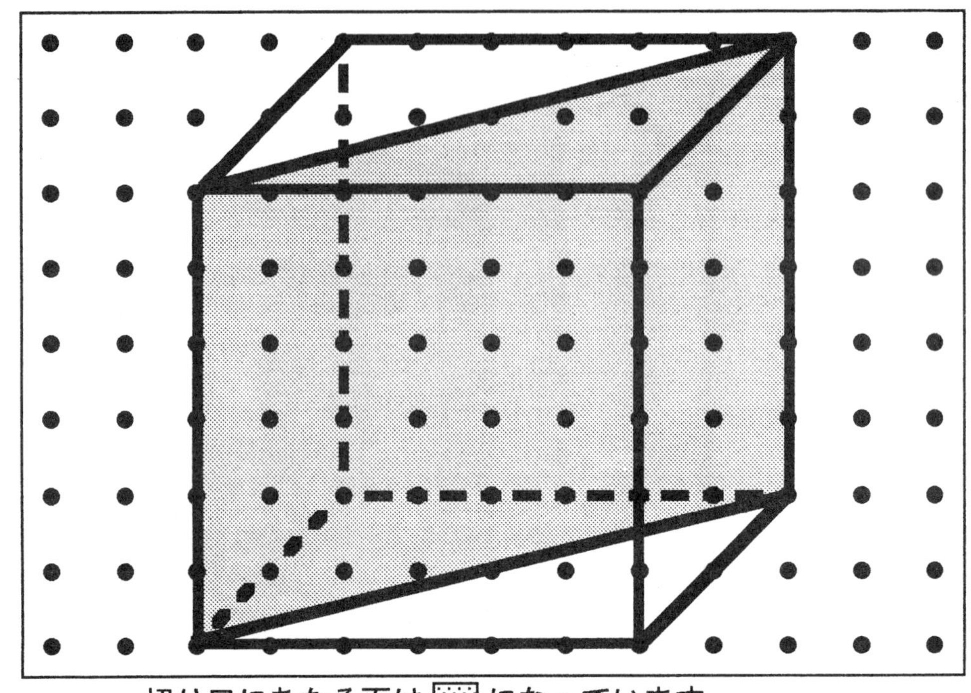

切り口にあたる面は　になっています。
解答欄には好きな色をぬりましょう。

解答欄（かいとうらん）

立方体の切り口（きりくち）；その5　　　　　月　　日

問題（もんだい）

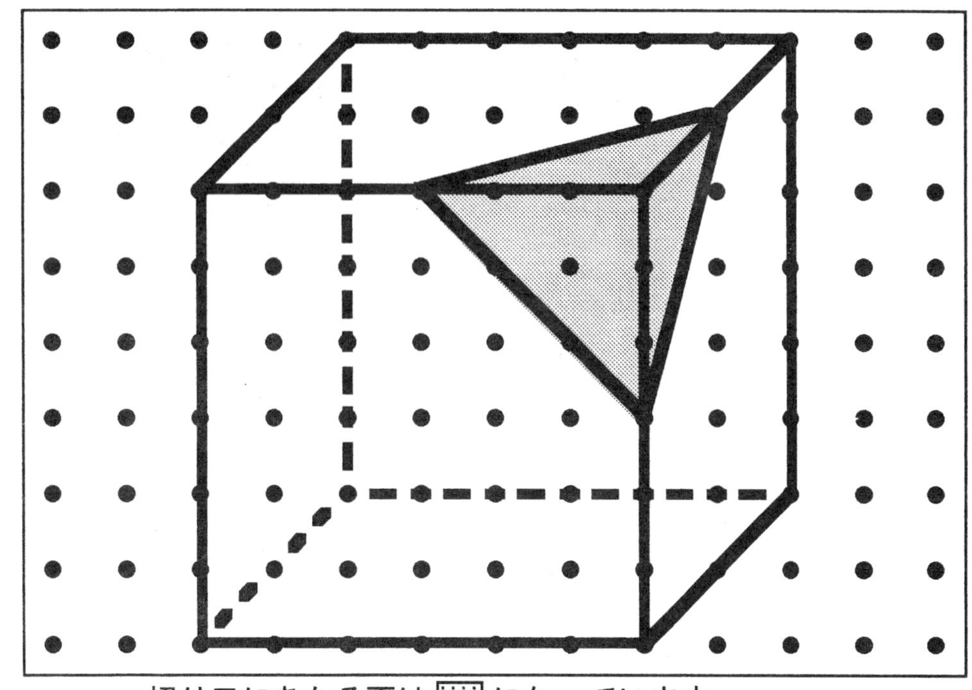

切り口にあたる面は ▒ になっています。
解答欄には好きな色をぬりましょう。

解答欄（かいとうらん）

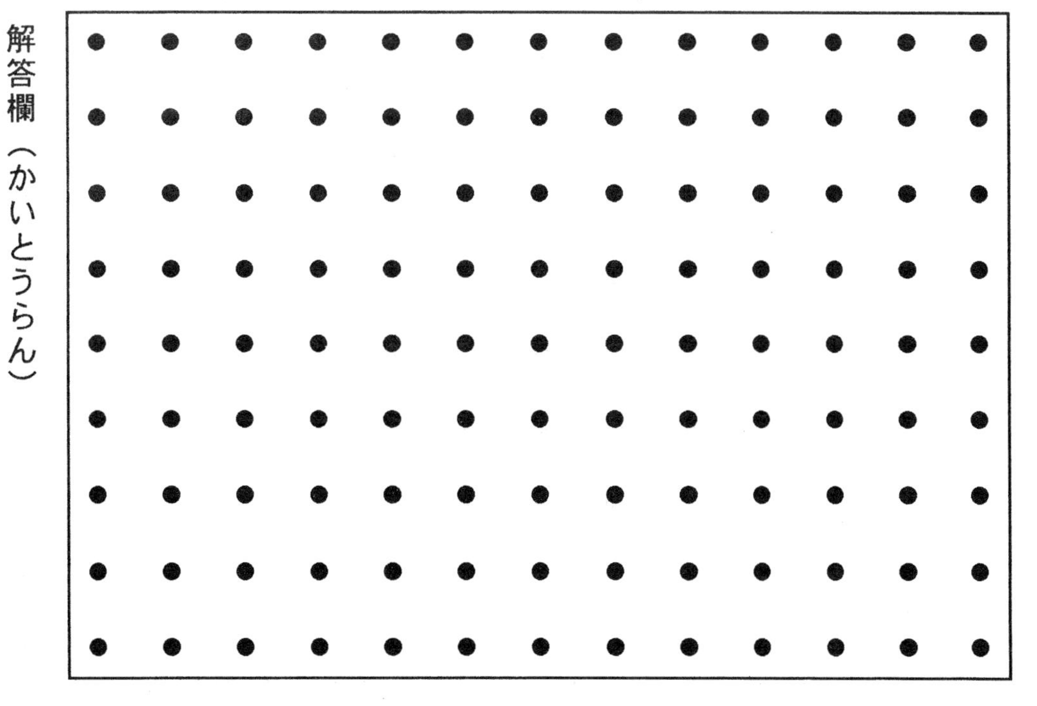

立方体の切り口（きりくち）；その6　　　　月　　日

問題（もんだい）

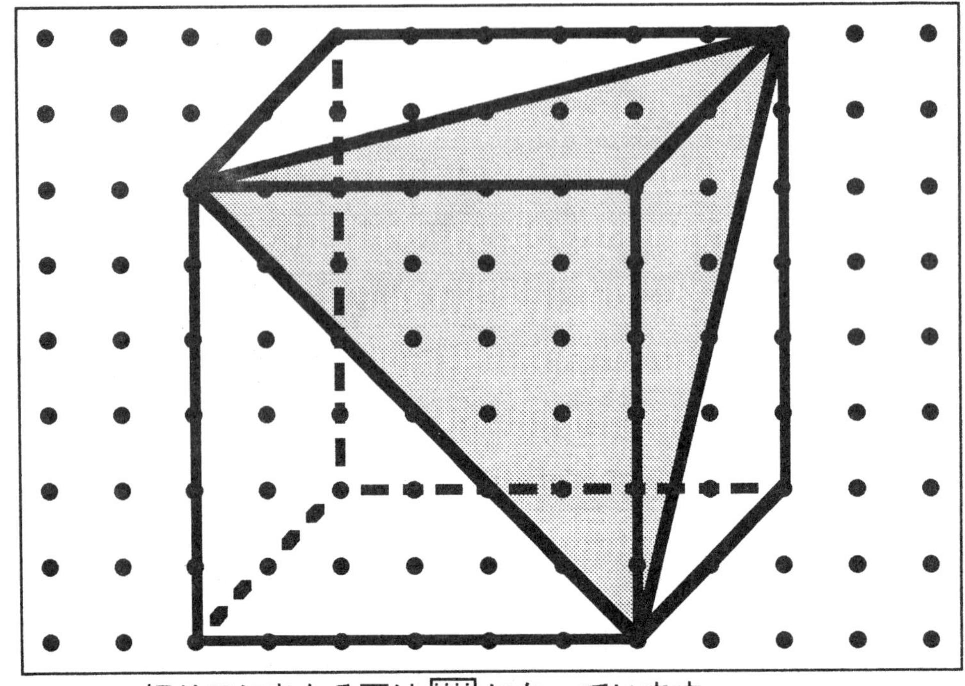

切り口にあたる面は ▒ になっています。
解答欄には好きな色をぬりましょう。

解答欄（かいとうらん）

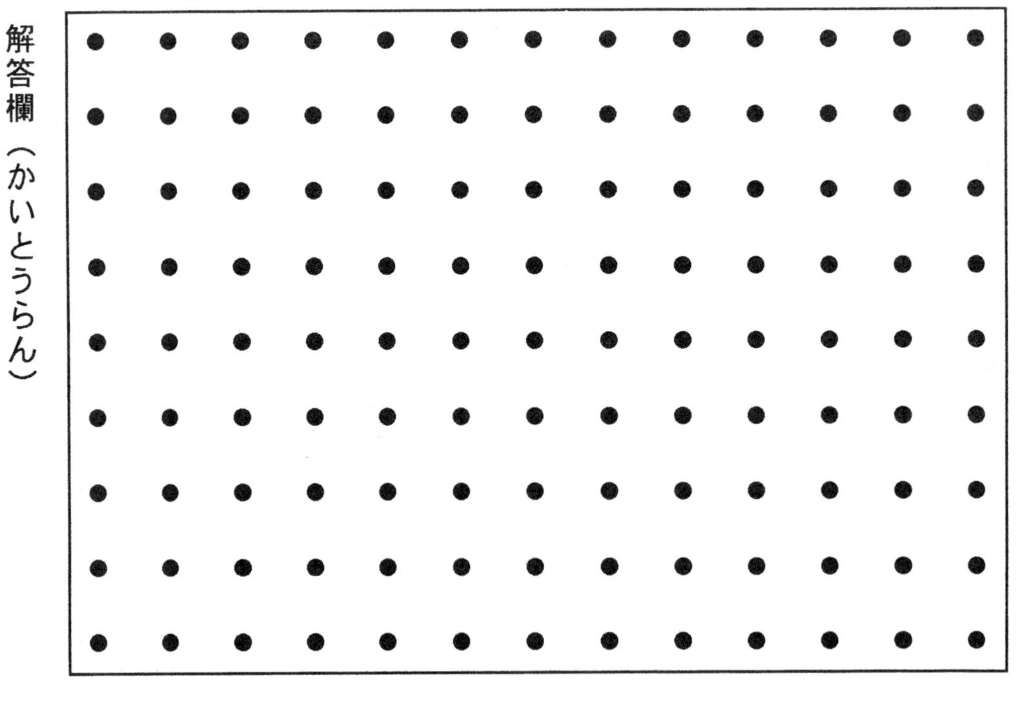

立方体の切り口（きりくち）；その7　　　　　月　　日

問題（もんだい）

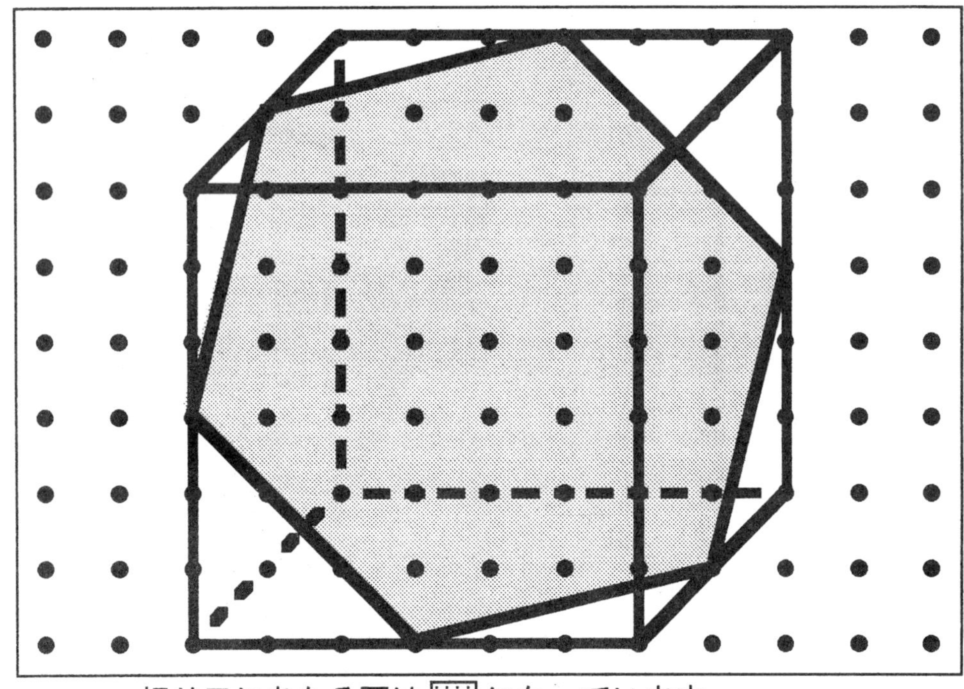

切り口にあたる面は ▒ になっています。
解答欄には好きな色をぬりましょう。

解答欄（かいとうらん）

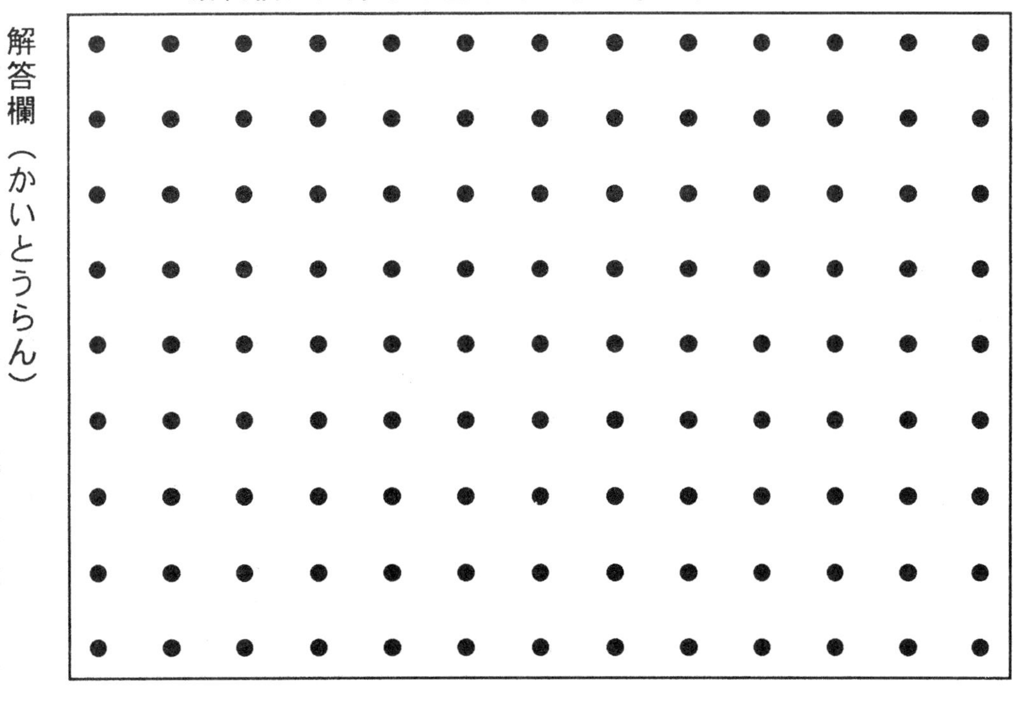

立方体の切り口（きりくち）；その８　　　　　月　　日

問題（もんだい）

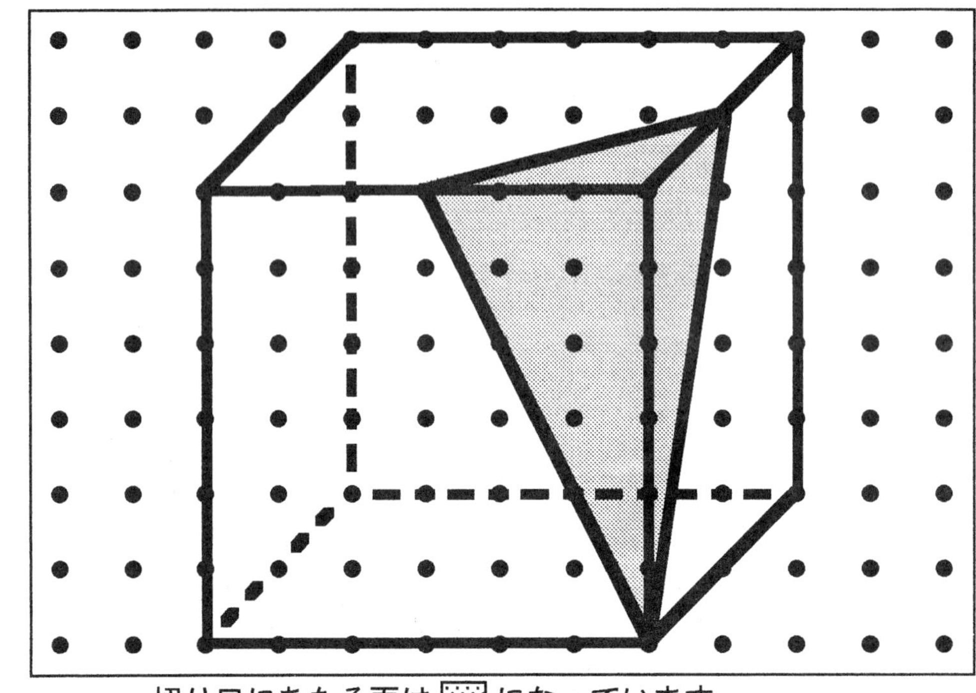

切り口にあたる面は ▨ になっています。
解答欄には好きな色をぬりましょう。

解答欄（かいとうらん）

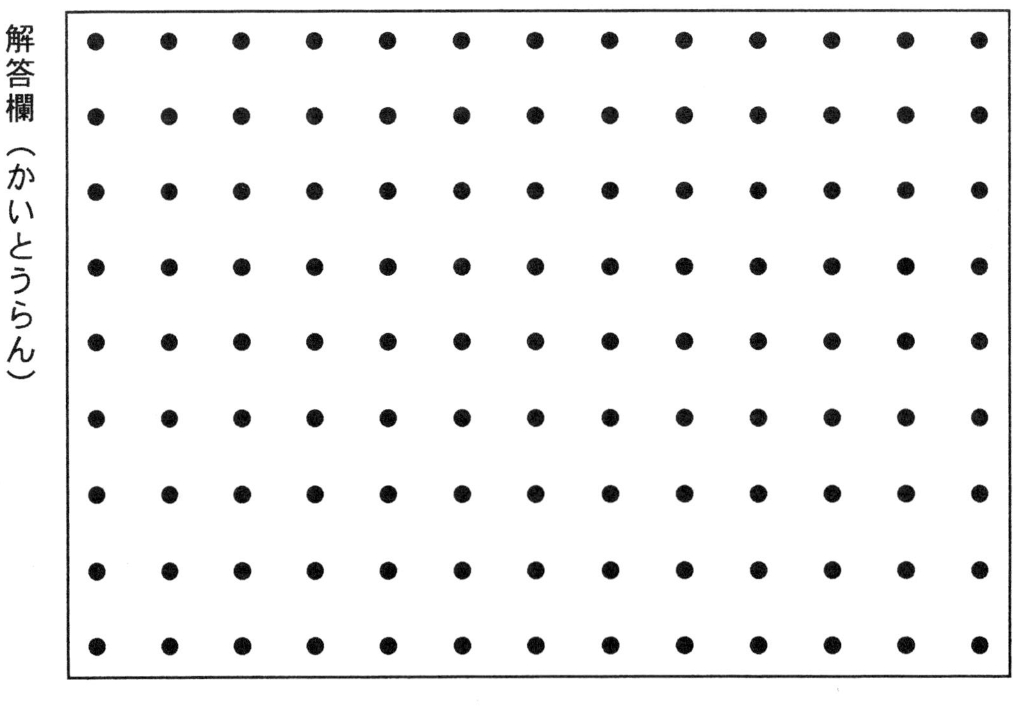

立方体の切り口（きりくち）；その９　　　　　　月　　日

問題（もんだい）

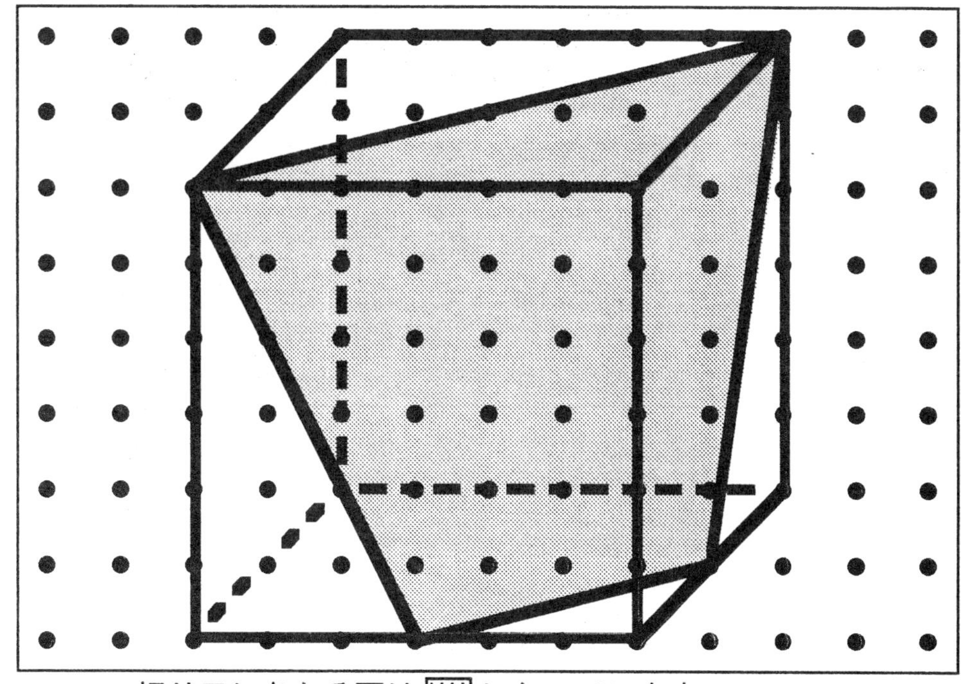

切り口にあたる面は▒になっています。
解答欄には好きな色をぬりましょう。

解答欄（かいとうらん）

立方体の切り口（きりくち）；その１０　　　　月　　日

問題（もんだい）

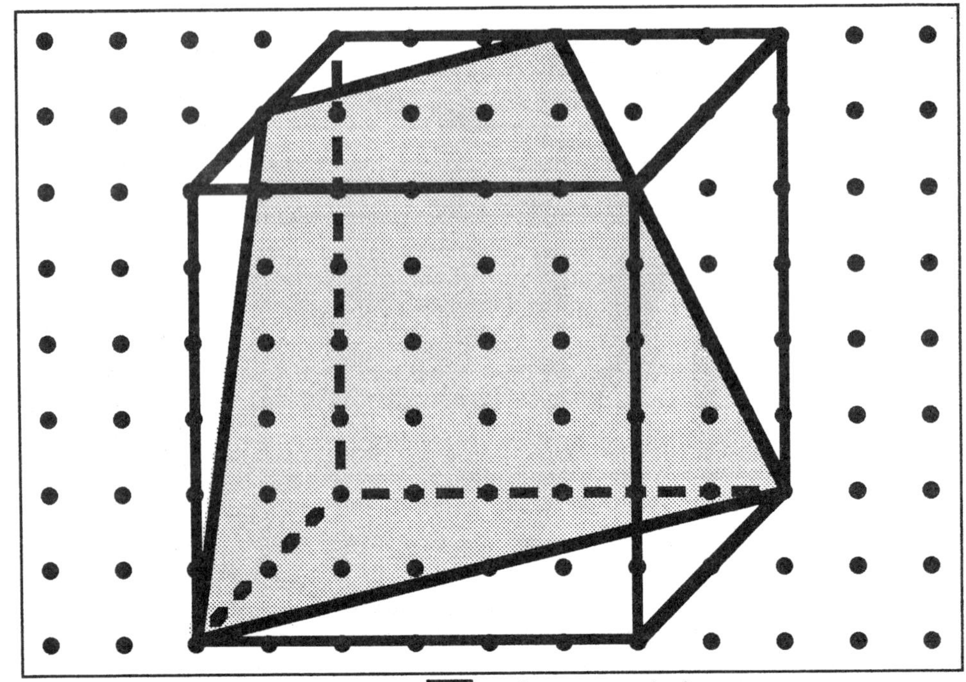

切り口にあたる面は▒になっています。
解答欄には好きな色をぬりましょう。

解答欄（かいとうらん）

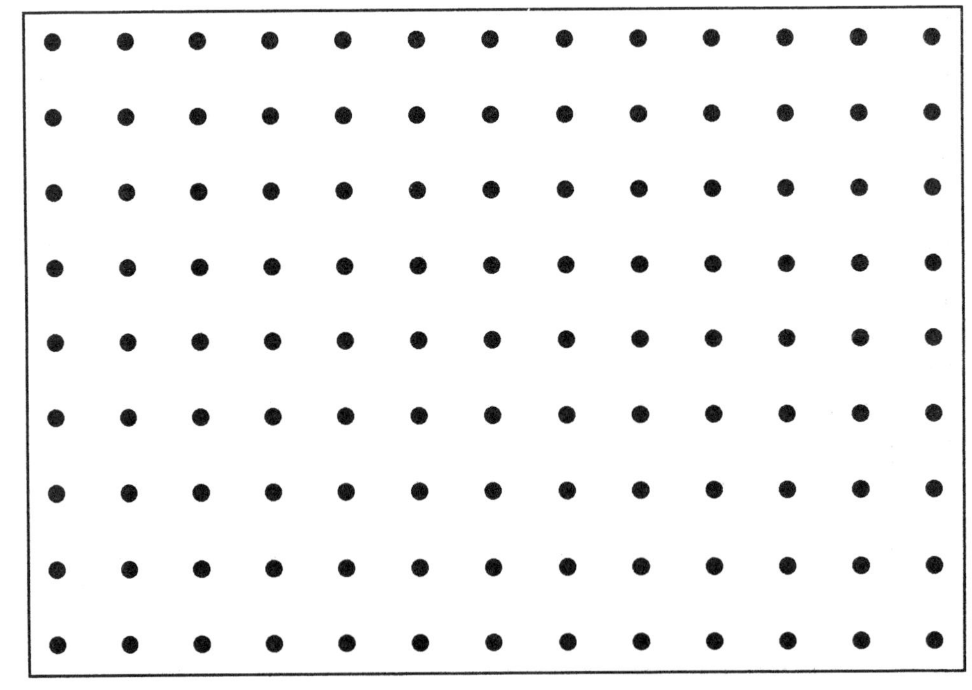

立方体の切り口（きりくち）；その１１　　　　月　　日

問題（もんだい）

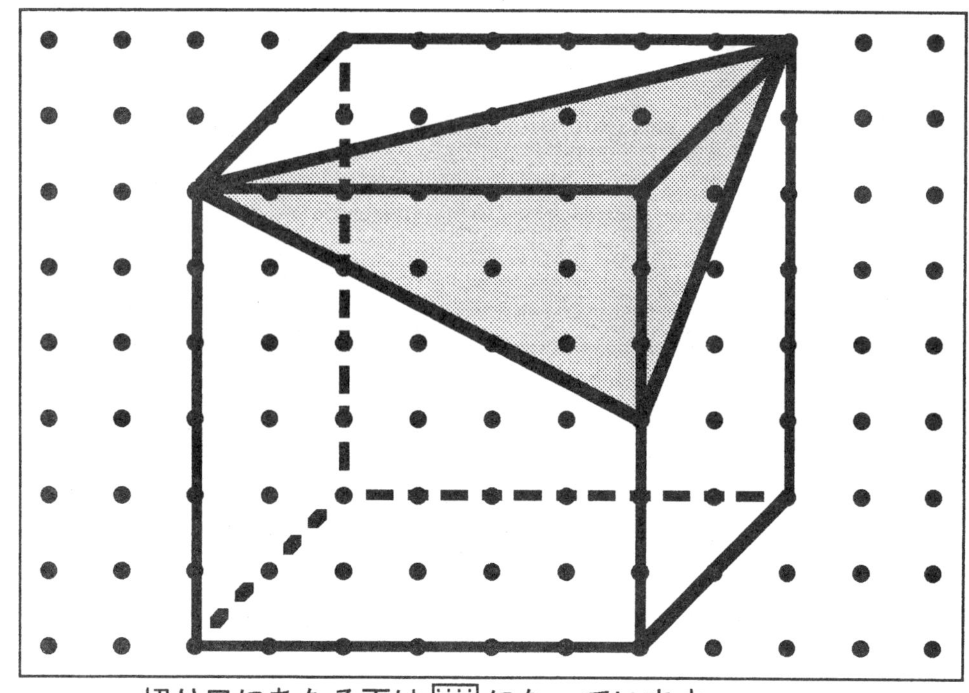

切り口にあたる面は ▒ になっています。
解答欄には好きな色をぬりましょう。

解答欄（かいとうらん）

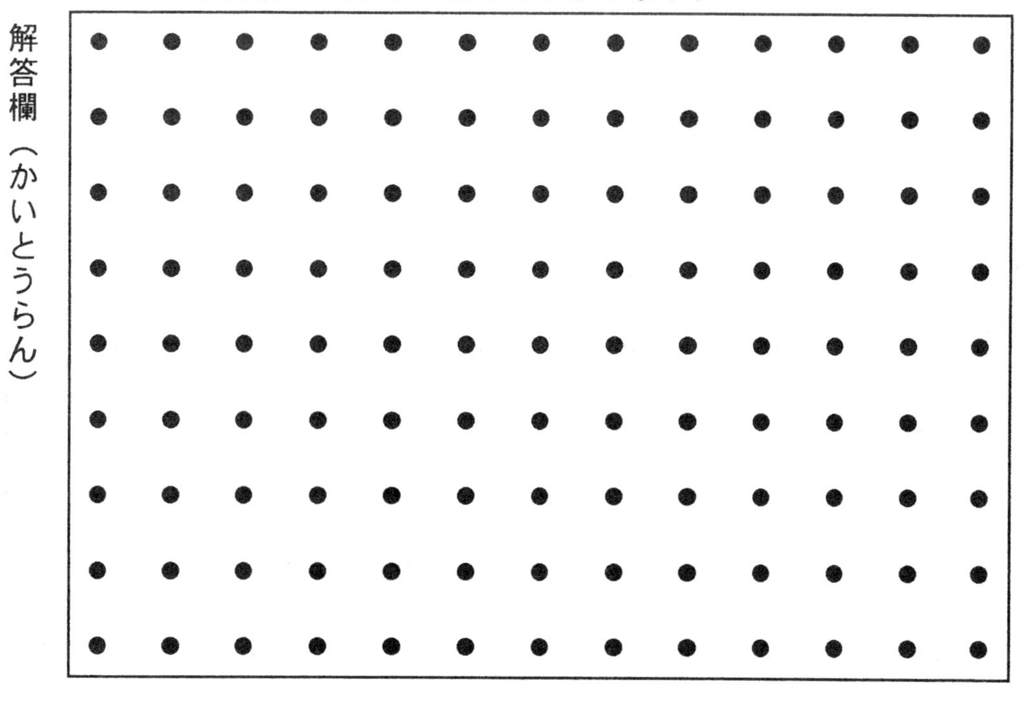

立方体の切り口（きりくち）；その１２　　　　月　　日

問題（もんだい）

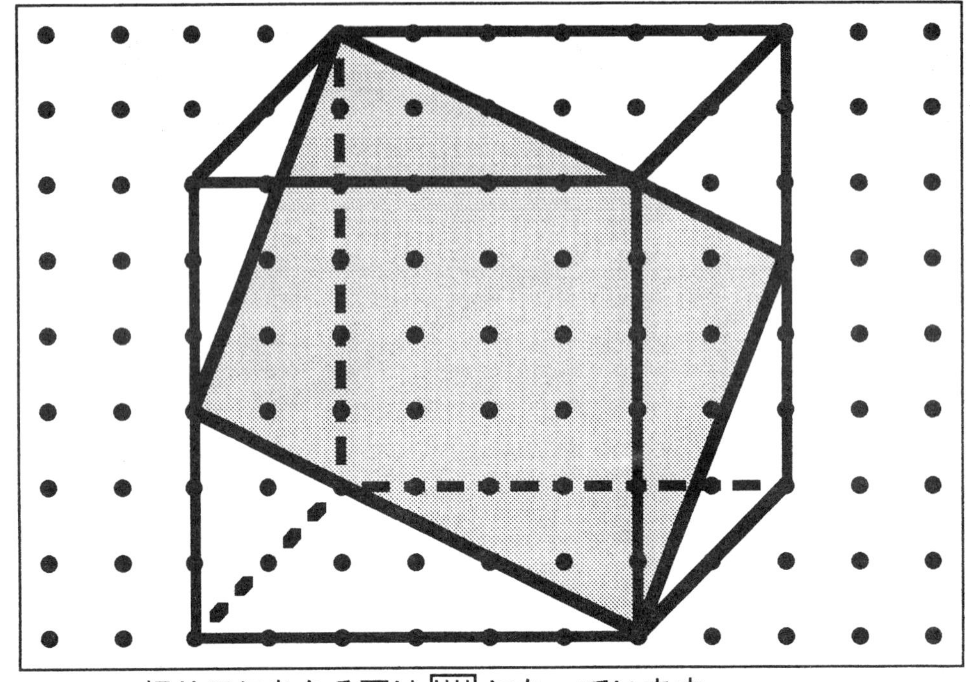

切り口にあたる面は [網掛け] になっています。
解答欄には好きな色をぬりましょう。

解答欄（かいとうらん）

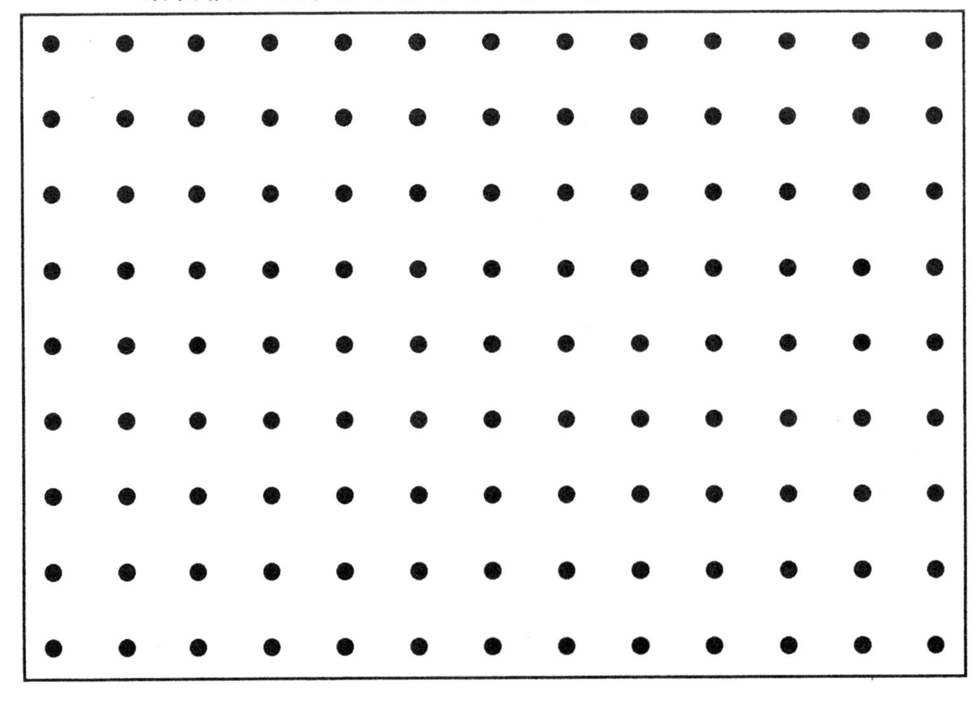

立方体の切り口（きりくち）；その１３　　　　月　　日

問題（もんだい）

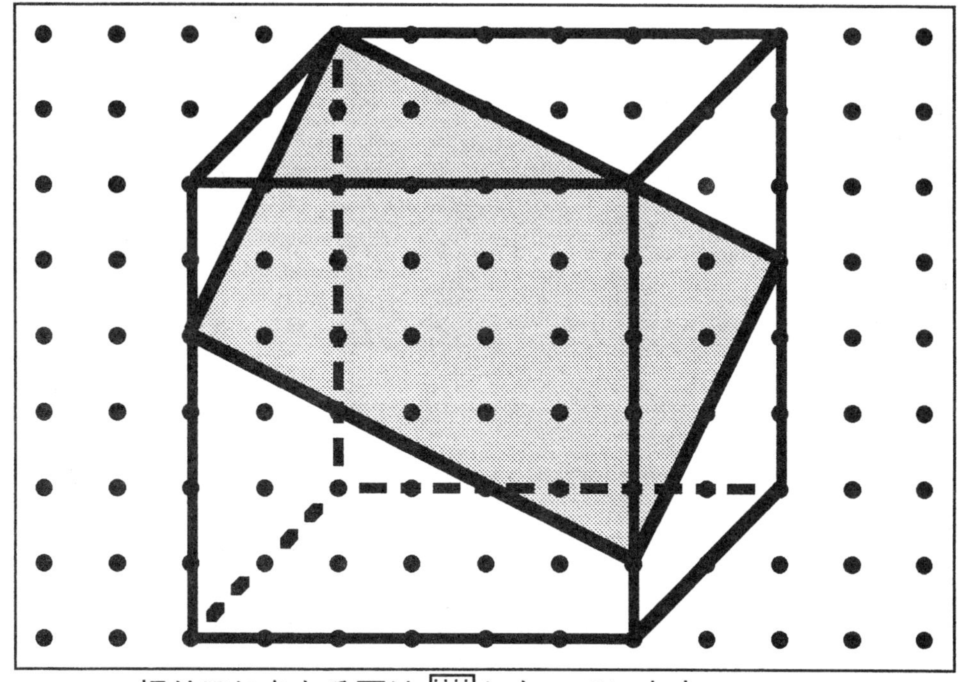

切り口にあたる面は ▒ になっています。
解答欄には好きな色をぬりましょう。

解答欄（かいとうらん）

実力テスト（その１）；　　月　　日　標準時間　５分

問題　　頁：問題の頁を見て同じように書きなさい。

解答欄（かいとうらん）

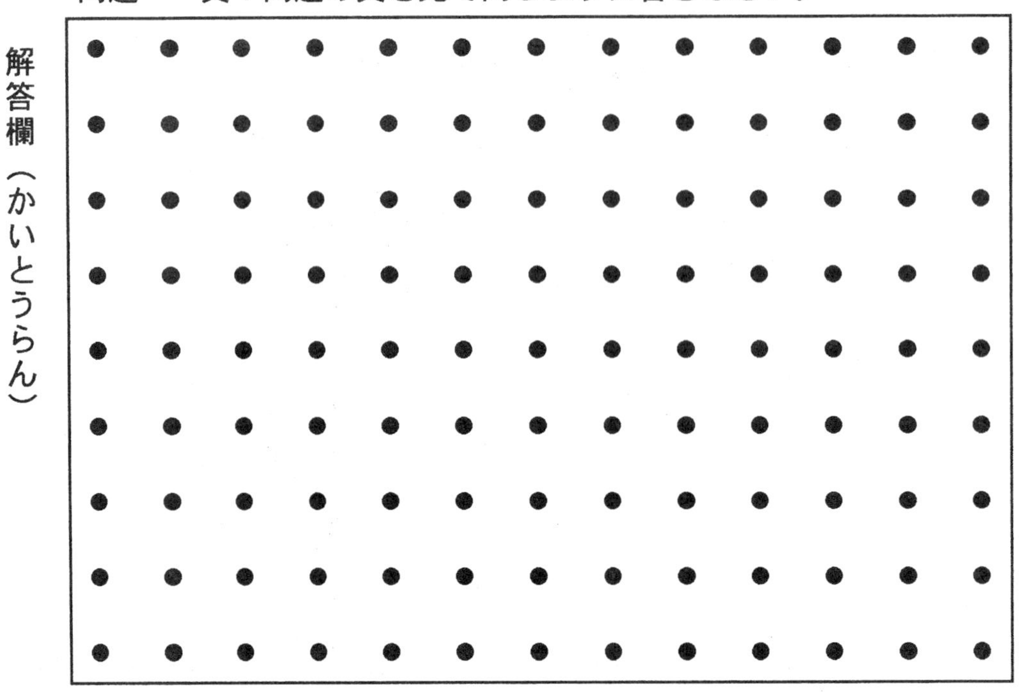

問題　　頁：問題の頁を見て同じように書きなさい。

解答欄（かいとうらん）

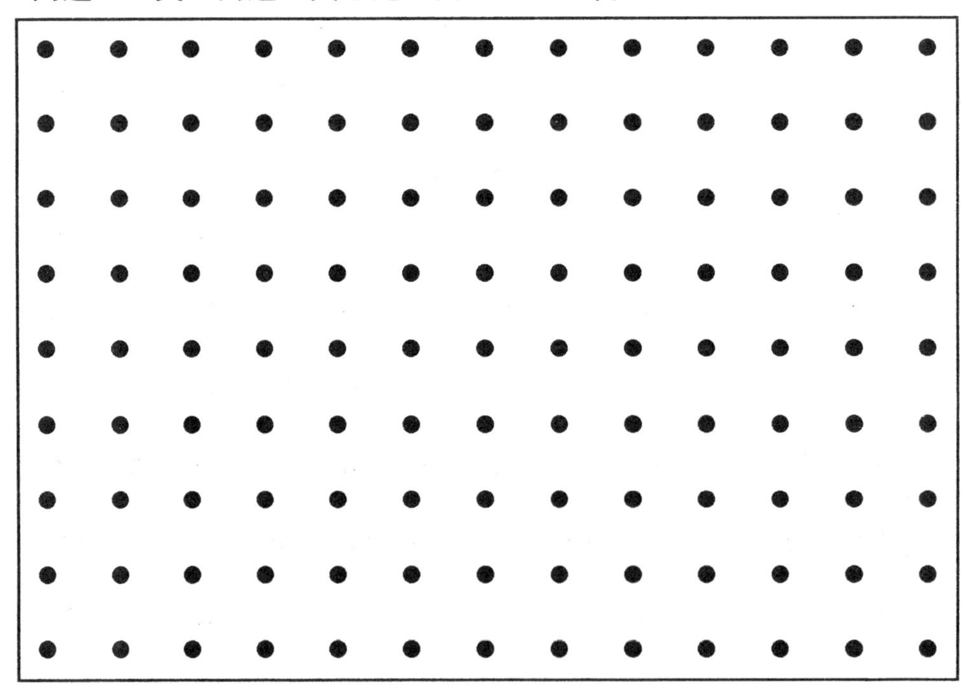

指導なさる方へ：学習者の実力に応じて３頁～５３頁までの問題から適当な問題を選んであげてください。

実力テスト（その２）；　　月　　日　標準時間　５分

問題　　頁：問題の頁を見て同じように書きなさい。

解答欄（かいとうらん）

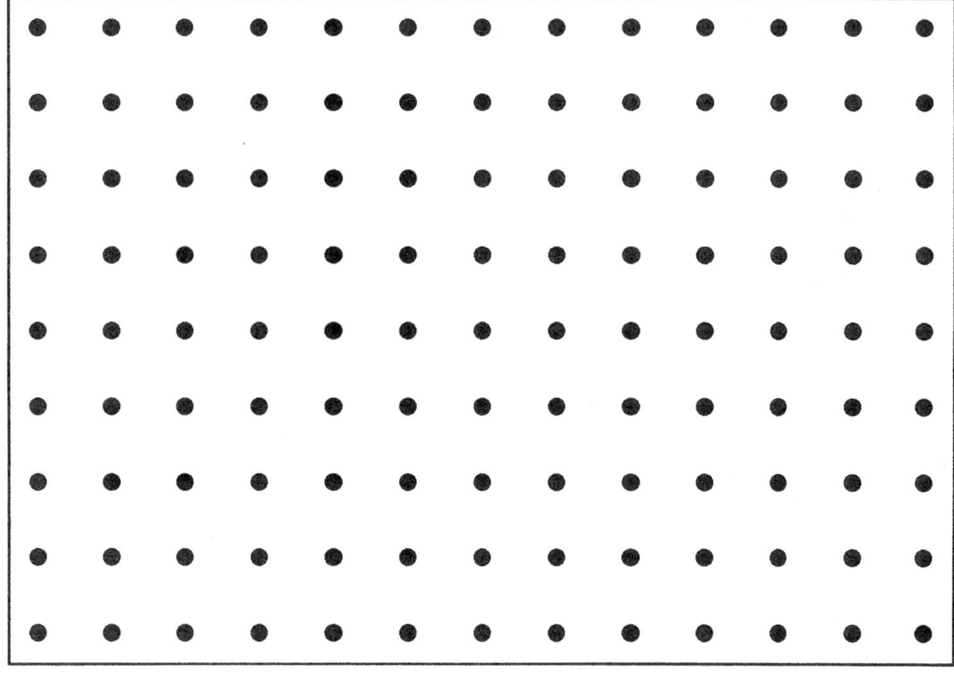

問題　　頁：問題の頁を見て同じように書きなさい。

解答欄（かいとうらん）

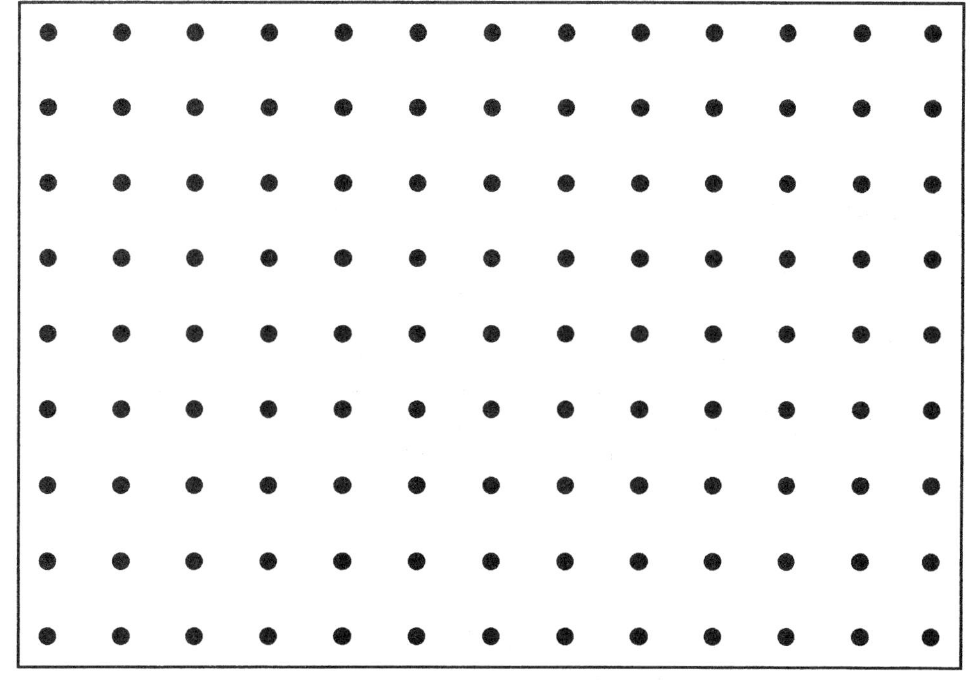

指導なさる方へ：学習者の実力に応じて３頁～５３頁までの問題から適当な問題を選んであげてください。

## M.acceess　学びの理念

**☆学びたいという気持ちが大切です**
勉強を強制されていると感じているのではなく、心から学びたいと思っていることが、子どもを伸ばします。

**☆意味を理解し納得する事が学びです**
たとえば、公式を丸暗記して当てはめて解くのは正しい姿勢ではありません。意味を理解し納得するまで考えることが本当の学習です。

**☆学びには生きた経験が必要です**
家の手伝い、スポーツ、友人関係、近所付き合いや学校生活もしっかりできて、「学び」の姿勢は育ちます。
生きた経験を伴いながら、学びたいという心を持ち、意味を理解、納得する学習をすれば、負担を感じるほどの多くの問題をこなさずとも、子どもたちはそれぞれの目標を達成することができます。

### 発刊のことば

「生きてゆく」ということは、道のない道を歩いて行くようなものです。「答」のない問題を解くようなものです。今まで人はみんなそれぞれ道のない道を歩き、「答」のない問題を解いてきました。

子どもたちの未来にも、定まった「答」はありません。もちろん「解き方」や「公式」もありません。

私たちの後を継いで世界の明日を支えてゆく彼らにもっとも必要な、そして今、社会でもっとも求められている力は、この「解き方」も「公式」も「答」すらもない問題を解いてゆく力ではないでしょうか。

人間のはるかに及ばない、素晴らしい速さで計算を行うコンピューターでさえ、「解き方」のない問題を解く力はありません。特にこれからの人間に求められているのは、「解き方」も「公式」も「答」もない問題を解いてゆく力であると、私たちは確信しています。

M.access の教材が、これからの社会を支え、新しい世界を創造してゆく子どもたちの成長に、少しでも役立つことを願ってやみません。

**思考力算数練習帳シリーズ１３**
**点描写 １　新装版　立方体など**　（内容は旧版と同じものです）

2025 年 4 月 25 日　新装版　第 2 刷
著　者　石川久雄
編集者　M.access（エム・アクセス）
発行所　株式会社　認知工学
〒６０４−８１５５　京都市中京区錦小路烏丸西入ル占出山町 308
電話　（０７５）２５６−７７２３　　email : ninchi@sch.jp
郵便振替　０１０８０−９−１９３６２　株式会社認知工学

ISBN978-4-86712-113-9　C-6341　　A13390225D

**定価＝ 本体６００円 ＋税**

ISBN978-4-86712-113-9 C6341 ¥600E

9784867121139

定価：本体６００円＋消費税

1926341006008

M.access
エム・アクセス

認知工学

表紙の解答例

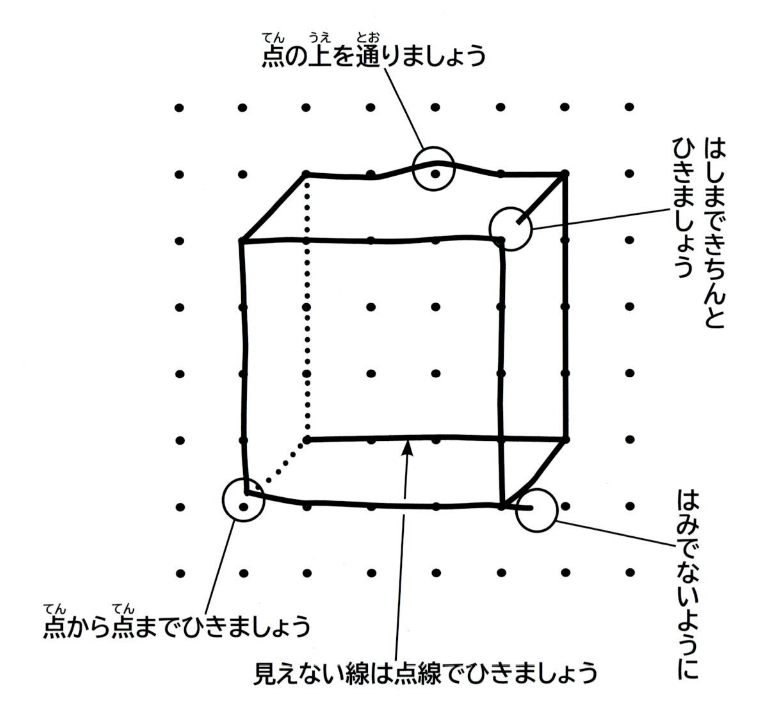
点の上を通りましょう
はしまできちんとひきましょう
はみでないように
点から点までひきましょう
見えない線は点線でひきましょう